长江中游洞庭湖区
水稻品种特异性、一致性和稳定性测试操作手册

◎ 危家文　涂各亮　晏云华　主编

中国农业科学技术出版社

图书在版编目（CIP）数据

长江中游洞庭湖区水稻品种特异性、一致性和稳定性测试操作手册 / 危家文，涂各亮，晏云华主编. --北京：中国农业科学技术出版社，2023. 9

ISBN 978-7-5116-6384-9

Ⅰ. ①长…　Ⅱ. ①危… ②涂… ③晏…　Ⅲ. ①水稻—品种特性—测试—图像采集—规范　Ⅳ. ①S511.037-65

中国国家版本馆 CIP 数据核字（2023）第 147568 号

责任编辑　倪小勋　穆玉红
责任校对　马广洋
责任印制　姜义伟　王思文

出 版 者　中国农业科学技术出版社
北京市中关村南大街 12 号　　邮编：100081
电　　话　（010）82106626（编辑室）（010）82109702（发行部）
（010）82109709（读者服务部）
网　　址　http：// castp.caas.cn
经 销 者　各地新华书店
印 刷 者　北京建宏印刷有限公司
开　　本　185 mm × 260 mm　1/16
印　　张　7.25
字　　数　170 千字
版　　次　2023 年 9 月第 1 版　2023 年 9 月第 1 次印刷
定　　价　68.00 元

《长江中游洞庭湖区水稻品种特异性、一致性和稳定性测试操作手册》

编写人员

主　　编	危家文	涂各亮	晏云华
副 主 编	郑绍儒	彭长城	傅岳峰
编写人员	危家文	刘琪龙	刘昆言
	李　浪	郑绍儒	晏云华
	唐善军	彭长城	傅岳峰
	涂各亮		
摄　　影	危家文	涂各亮	

编写说明

INTRODUCTION

性状是植物新品种特异性、一致性和稳定性（DUS）测试的基础。因此，如何准确地进行性状观测和描述决定了 DUS 测试结论的可靠性和品种描述的准确性。虽然《植物新品种特异性、一致性和稳定性测试指南　水稻》（以下简称《水稻 DUS 测试指南》）规定了水稻品种 DUS 各测试性状的观测时期、观测方法等，但仅依靠《水稻 DUS 测试指南》仍不能较好地完成测试。因为 DUS 测试性状都是表型性状，绝大部分性状的表达状态不同程度地受到测试地点的环境条件影响，《水稻 DUS 测试指南》中的标准品种也是如此。为此，我们在系统学习《水稻新品种测试原理与方法》的基础上，制定了适用于长江中游洞庭湖区水稻品种 DUS 测试的技术手册。

本手册包含了对水稻品种进行 DUS 测试的基本程序、性状判定标准和图像采集规范，是对《植物新品种特异性、一致性和稳定性测试指南　水稻》（2022 版）的补充说明。其中，有关数量性状的代码分级标准是在收集、整理岳阳分中心 2016—2020 年测试过的 1 000 多个水稻品种数据并结合标准品种在本生态区的表现，经系统地统计分析与计算制定的。通过本手册的使用，有助于统一不同测试人员对性状的把握尺度，提高不同来源测试数据的可比较性和品种描述的准确性。

本手册主要起草单位为岳阳市农业科学研究院、农业农村部植物新品种测试岳阳分中心，在编写过程中参考并借鉴了农业农村部植物新品种测试杭州分中心、农业农村部植物新品种测试南京分中心、农业农村部植物新品种测试儋州分中心等单位编写的相关资料，手册中部分内容为针对湖南岳阳测试地点的自然环境条件提出，其他测试地点也可根据实际情况参照制定。

本手册研究过程中所用到的合江 18 等标准品种全部由国家水稻种质资源库中期库提供。

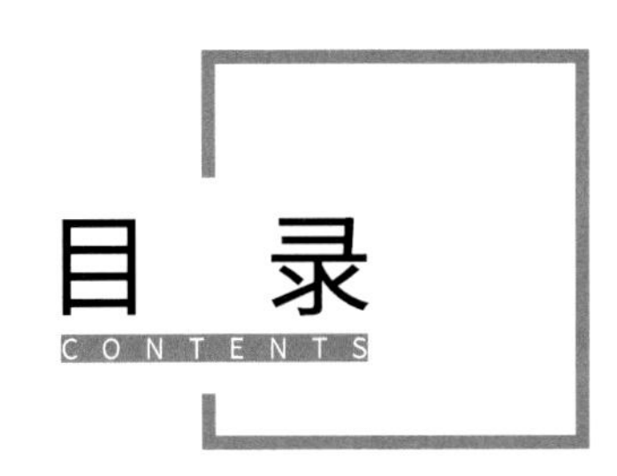

第一部分　水稻品种 DUS 测试操作规程

第二部分　水稻品种 DUS 测试性状调查及分级标准

第三部分　水稻品种 DUS 测试图像采集规范

附　录

第一部分

水稻品种 DUS 测试操作规程

1 适用范围

水稻品种 DUS 测试操作规程适用于长江中游洞庭湖区及其周边地区水稻品种的特异性（Distinctness）、一致性（Uniformity）和稳定性（Stability）测试，以下简称水稻品种 DUS 测试。

2 依据标准

《植物新品种特异性、一致性和稳定性审查及性状统一描述 总则》（TG/1/3）及附属的系列技术文件，包括 TGP/8（DUS 测试试验设计与统计分析）、TGP/9（特异性审查）、TGP/10（一致性审查）、TGP/11（稳定性审查）等。

《植物新品种特异性、一致性和稳定性测试指南 总则》（GB/T 19557.1—2004）。

《植物新品种特异性、一致性和稳定性测试指南 水稻》（2022 版），以下简称《水稻 DUS 测试指南》。

3 任务来源

目前，测试机构的任务来源主要有以下几种。

一是农业农村部植物新品种保护办公室委托的新品种保护 DUS 测试；

二是农业农村部植物新品种测试中心和农业种子管理部门委托的 DUS 测试；

三是其他单位或个人委托的 DUS 测试。

4 测试品种

测试品种主要包括：待测品种、近似品种、对照品种（或标准样品）及适用于本生态区测试品种性状表达状态描述与代码分级的标准品种。

5 繁材要求

申请测试的样品的繁殖材料以种子形式提供，提交的繁殖材料应外观健康，活力高，无病虫侵害，其具体质量要求见表 1–1。

表 1-1 测试种子质量和数量要求

品种类型	净度（%）	发芽率（%）	含水量（%）	数量（g）	备注
常规种	≥ 98.0	≥ 85	≤ 13.0（籼） ≤ 14.5（粳）	2 000	
不育系 保持系 恢复系	≥ 98.0	≥ 80	≤ 13.0	2 000	三系不育系 必要时还需提供 亲本 500 g
杂交种	≥ 98.0	≥ 80	≤ 13.0（籼） ≤ 14.5（粳）	2 000	必要时还需提供 亲本 500 g

6 测试地点

测试地点的环境条件应能满足测试样品及其近似品种正常生长和性状正常表达的要求。通常一个测试样品安排在一个地点进行测试，如果某些性状在该地点不能充分表达，可在其他符合条件的地点对其进行测试。

7 测试周期

水稻品种 DUS 测试周期至少为两个独立的生长周期，如确有必要可增加第三甚至第四周期测试。

8 测试程序

8.1 测试样品接收

农业农村部植物新品种保护办公室及农业农村部植物新品种测试中心（以下简称测试中心）委托的 DUS 测试任务，由测试中心分种人在规定的时间内，将测试样品邮寄给指定的测试分中心。测试分中心安排专人负责接收、检查、登记，检查内容包括样品袋是否完整无破损，样品袋上的保藏编号是否与下达的测试样品清单相符合，样品质量和数量是否满足测试要求等。检查时若发现问题，应尽快跟测试中心分种人联系并处理。待全部测试样品收齐后，测试分中心负责人在领种清单上签字并寄回测试中心，同时留备份作为测试分中心档案保存。

其他单位和个人委托的 DUS 测试，由委托人直接提交样品给测试分中心，测试分中心安排专人负责接收、检查、登记。

8.2 测试样品准备

8.2.1 分组

测试样品检查核对无误后，按不同测试周期及繁殖类型（常规种、恢复系、保持系、光温敏核不育系、三系不育系、杂交种）进行分组。

8.2.2 编号

为便于测试时的田间操作，可在测试样品分组的同时编好田间号。田间号可由周期号 + 繁材类型 + 序列号组成，如 2Z018。其编号规则为：周期号用阿拉伯数字 1、2、3 等表示，繁材类型分别用字母 A（三系不育系）、S（光温敏核不育系）、B（保持系）、C（常规种）、R（恢复系）、Z（杂交种）表示。

播种前，测试分中心应将编号的样品妥善保管，避免无关人员接触。如有剩余样品也应妥善存放于样品保藏库中。

8.3 筛选近似品种

近似品种的筛选要按照农业农村部《近似品种筛选规程》的有关要求，一般在测试前、测试中或测试结束后进行。

8.3.1 测试前的筛选

根据待测品种的育种过程、亲本、品种系谱、文献资料等信息筛选；

利用技术问卷性状筛选；

根据待测品种的 DNA 指纹筛选。

8.3.2 测试中的筛选

利用测试人员采集的第一个生长周期的性状观测数据或采集的测试样品的 DNA 分子信息筛选。

8.3.3 测试后的筛选

在编制和审核测试报告时进行，筛选结果直接用于对待测品种的特异性作出判定。

8.4 制定测试方案

测试员根据《水稻 DUS 测试指南》的要求，制定详细的测试方案，包括不同分组的测试样品的播种期安排、田间试验设计、田间种植平面图、栽培管理措施、性状观测记录表等。

8.4.1 田间试验设计

试验设计内容包括试验地点、地块面积、试验地土壤质地、前茬作物、种植方式、区组划分、品种排列、小区面积、株行距、行数及每行定植数、重复次数、标准品种的种植设计等。如筛选的近似品种不能明显区别于对应的待测品种，应将该组待测品种与近似品种安排相邻种植比较。标准品种和测试样品要在同一环境中种植。

8.4.2 田间种植平面图

秧苗移栽前，根据试验田的具体情况，用电脑制作田间种植平面图，详细标明试验田编号，区组划分，小区行数，小区排列，四周保护行设置等，便于田间试验操作。

8.5 栽培管理

栽培管理是指从试验田备耕至田间试验结束的整个田间管理的操作。测试人员在安排田间操作时，应保证同一试验栽培措施的一致性，确保田间操作不影响水稻的正常生长和性状表达。

8.5.1 播种育秧

育秧方式采用湿润育秧，播种前备好秧田。播种时间为 4 月下旬至 5 月下旬，选晴好天气播种。播种前浸种催芽，播种时宜稀不宜密，以便于培育壮秧，方便单株移栽，播种后注意做好鸟、鼠、畜禽等的防范措施，并画好秧田品种布局图。

8.5.2 大田准备

移栽前及时安排翻耕、旋耕和平整等作业，静置一段时间后用专用工具画好格子、插好小区分界标记。注意秧田不作当季试验田使用。

8.5.3 移栽

适龄单株移栽，移栽后应及早进行查苗补缺。

8.5.4 田间管理

肥水管理应及时、恰当，施肥水平中等偏上；不使用植物生长调节剂；及时防治病、虫、草害。

8.6 性状观测

根据《水稻 DUS 测试指南》的技术要求，参照本操作手册第二部分“水稻品种 DUS 测试性状调查及分级标准”，开展品种性状观测和调查。观测记录应有一套固定格式的表格，包括：目测性状原始记录表、测量性状原始记录表、图像数据采集记录表、栽培管理记录表等，原始记录必须经过复核和审核。

8.6.1 测试性状

《水稻 DUS 测试指南》中列出了 52 个水稻基本性状和 6 个选测性状。基本性状是测试过程中必须观测的性状；选测性状是在基本性状不能区别待测品种和近似品种时，可以选择测试的性状。基本性状又可分为质量性状（QL）、数量性状（QN）和假质量性状（PQ）。

8.6.2 观测方法

性状观测应按照《水稻 DUS 测试指南》规定的观测方法进行，一般采用以下 4 种方法：群体目测（VG）、个体目测（VS）、群体测量（MG）、个体测量（MS），具体性状的观测方法和分级标准见本手册第二部分内容。

群体目测：对一批植株或植株的某器官或部位进行目测，获得一个群体记录。

个体目测：对一批植株或植株的某器官或部位逐个目测，获得一组个体记录。

群体测量：对一批植株或植株的某器官或部位进行测量，获得一个群体记录。

个体测量：对一批植株或植株的某器官或部位逐个测量，获得一组个体记录。

8.6.3 观测数量

个体观测性状（VS、MS）取样数量一般不少于 20 个，在观测植株的器官或部位时，每个植株取样数量应为 1 个。群体观测性状（VG、MG）应观测整个小区或规定大小的混合样本。

8.6.4 数量性状分级标准

不同的生态区域，应根据标准品种性状的表达情况，制定一套适合本生态区域的数量性状的分级标准。且部分数量性状的分级标准，还应根据当年标准品种性状的表达情况作适当的调整。

8.7 图像采集

根据 DUS 测试报告的要求以及已知品种数据库建设的需要，在测试过程中应及时采集测试样品的图像数据，主要包括以下内容。

待测品种的品种描述照片，包括花序、小区、植株、穗子、籽粒共 5 张。

对于不具备特异性的品种，需采集待测品种与近似品种主要形态特征对比照片；对于不具备一致性的品种，需采集典型株与异型株性状差异对比照片和其他能反映品种一致性不合格的照片。

8.8 数据处理与上传

测试数据应按照 DUS 测试要求及时整理、分析，形成适于 DUS 测试判定的处理结果。目测性状测试结果以代码及表达状态描述表示；测量性状测试结果以数据、代码及表达状态描述表示。测试数据经仔细核对、确认无误后再上传品种描述数据库。测试过程产生的图像资料也应经过筛选、编辑处理后上传品种描述数据库。

8.9 三性判定

特异性（可区别性）、一致性和稳定性的判定按照《植物新品种特异性、一致性和稳定性测试指南　总则》（GB/T 19557.1—2004）确定的原则和《水稻 DUS 测试指南》的具体规定进行。

8.9.1 特异性的判定

待测品种应明显区别于所有已知品种。在测试中，当待测品种至少在一个性状上与近似品种具有明显且可重现的差异时，即可判定待测品种具备特异性。

8.9.2 一致性的判定

水稻品种的一致性判定一般采用异型株法。异型株是指同一品种群体内处于正常生长状态的、但其整体或部分性状与绝大多数典型植株存在明显差异的植株。对于常规种、恢复系和保持系，一致性判定时，采用 0.1% 的群体标准和至少 95% 的接受概率。当样本大小为 400 株时，最多可以允许有 2 株异型株。对于不育系，一致性判定时，采用 0.5% 的群体标准和至少 95% 的接受概率。当样本大小为 400 株时，最多可以允许有 5 株异型株。对于杂交种，一致性判定时，采用 1% 的群体标准和至少 95% 的接受概率。当样本大小为 400 株时，最多可以允许有 8 株异型株。

8.9.3 稳定性的判定

一般不对稳定性进行测试。如果一个品种具备一致性，则可认为该品种具备稳定性。必要时，常规种、恢复系、保持系和光温敏核不育系可以种植该品种的下一代种子，与以前提供的种子相比，若性状表达无明显变化，则可判定该品种具备稳定性。杂交种和三系不育系的稳定性判定，除直接对杂交种或三系不育系本身进行测试外，还可以通过测试其亲本的一致性或稳定性进行判定。

8.10 测试报告编制

两个生长周期测试完成后，测试员综合两年的观测数据，对测试样品的特异性、一致性和稳定性进行判定和评价，在线完成测试报告的编制和提交。测试分中心技术负责人对测试报告的数据、结果等进行全面审核，审核通过后在线提交给测试分中心业务副主任批准。批准人、审核人发现有问题或有疑问的测试报告，应直接向测试员进行质询，需要重新编制的报告应逐级退回。

测试报告一般由报告首页、性状描述表和图像描述三部分组成。另外，对于不具备一致性的品种，报告中应附上“一致性测试不合格结果表”；对于不具备特异性的品种，报告中应附上“性状描述对比表”；必要时，报告中还需附上某个数量性状的具体统计分析表。

测试报告经在线批准后，测试员即可直接生成和打印纸质测试报告。纸质测试报告一式三份，相关人员签字盖章后，两份上交测试中心或其他委托人，一份留分中心存档。

8.11 问题反馈及处理

测试过程中若出现问题，应及时向测试中心审查员反馈，征求处理意见。

8.12 测试资料存档

年度测试工作完成后，测试员应将 DUS 测试相关文件、领种清单、测试方案、栽培管理记录、测试报告、测试工作总结、原始测试数据、数据处理和统计分析记录、图像数据等技术资料及时整理，并按要求进行归档保存。

第二部分

水稻品种 DUS 测试性状调查及分级标准

性状 1　基部叶：叶鞘颜色

性状分类：PQ；VG。

观测时期：分蘖期，有 6 个分蘖左右（26[①]）。

观测部位：基部叶叶鞘。

观测方法：目测整个小区或取典型植株冲洗干净，观察基部叶叶鞘的颜色。对照标准品种，并按表 2–1 进行分级，确定观测品种对应的表达状态和代码。如小区内性状表达不一致，应调查两个重复内异型株的数量和性状表达状态并做好标记、拍照记录。

表 2-1　基部叶：叶鞘颜色分级标准及参照

表达状态	代码	标准品种	参考图片	注释与说明
绿色	1	合江 18、Dasanbyeo		一般表现为叶鞘最底部显现白色，但不应判定为“白色”
紫色线条	2	元子占稻	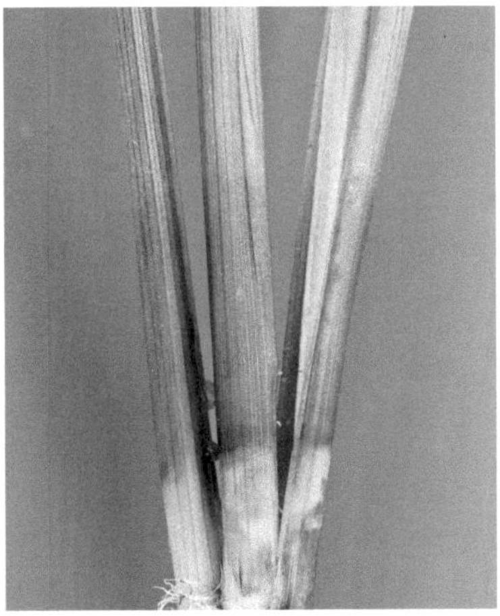	基部叶鞘表达为紫色线条，线条之间仍是绿色或白色。实际测试中，代码 2 所示表达状态极少见

① 水稻生长时期的十进制代码，详见附录 1 水稻生育阶段表，书内表述余同。

（续表）

表达状态	代码	标准品种	参考图片	注释与说明
浅紫色	3	Heuknambyeo		基部叶鞘紫色表达范围较小、颜色较浅，叶鞘最底部显现浅紫色
中等紫色	4	竹云糯		基部叶鞘紫色表达范围广、颜色深，叶鞘最底部紫色程度较深

注：观测时应注意叶鞘基部长时间“水锈”的误导。

性状 2　植株：生长习性

性状分类：QN；VG。

观测时期：孕穗初期（40）。

观测部位：茎秆。

观测方法：目测整个小区稻穗分蘖最外端茎秆与中垂线的夹角，或从上往下目测稻穗茎秆着生的密集程度。对照标准品种，并按表 2-2 进行分级，确定观测品种对应的表达状态和代码。如小区内性状表达不一致，应调查其一致性。

表 2-2　植株：生长习性分级标准及参照

表达状态	代码	标准品种	参考图片	注释与说明
直立	1	合江 18		
半直立	3	陆川早 1 号		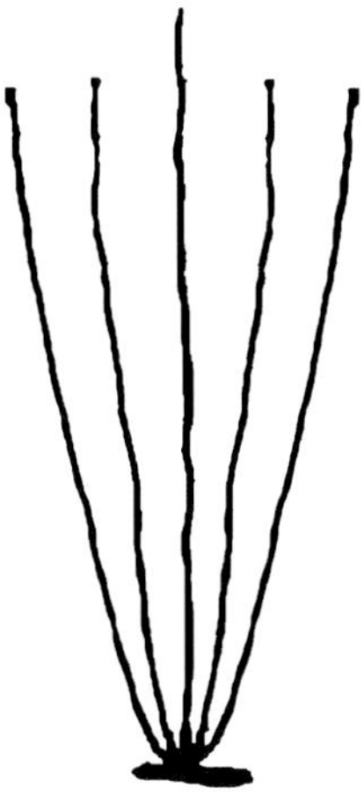
散开	5	矮糯		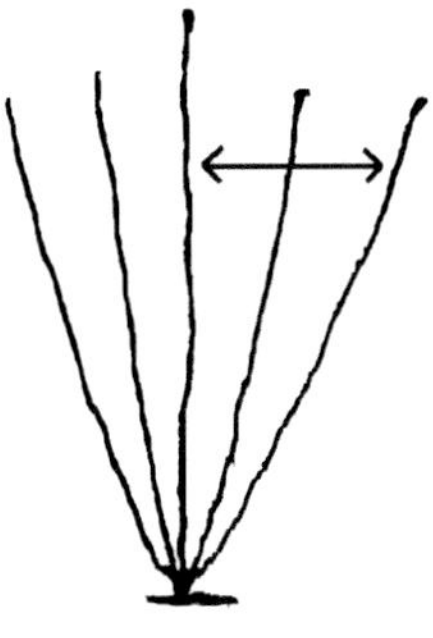

（续表）

表达状态	代码	标准品种	参考图片	注释与说明
披散	7		暂无图片	
匍匐	9	盘蝶谷		

注：实际测试中，代码5以上表达状态不常见。

性状3 倒二叶：叶片绿色程度

性状分类：QN；VG。

观测时期：孕穗期，穗苞膨大（45）。

观测部位：主茎倒二叶。

观测方法：目测整个小区主茎倒二叶叶片的绿色深浅程度，观测时注意避免强阳光照射的干扰。对照标准品种，并按表2-3进行分级，确定观测品种对应的表达状态和代码。如小区内性状表达不一致，应调查其一致性。

表 2-3　倒二叶：叶片绿色程度分级标准及参照

表达状态	代码	标准品种	参考图片
浅	3	轮回 01	
浅到中	4	浙场 9 号	
中	5	Dasanbyeo	

（续表）

表达状态	代码	标准品种	参考图片
中到深	6	桂花黄	
深	7	CPY 2199	
极深	9	花溪简稻	

注：实际测试中，代码 1 和代码 2 所示表达状态极少见。另外，对于部分倒二叶叶片颜色是紫色或其他颜色的品种，测试报告中可不填写代码只填写表达状态的描述。

性状 4　倒二叶：叶片花青甙显色

性状分类：QL；VG。

观测时期：孕穗期，穗苞膨大（45）。

观测部位：倒二叶。

观测方法：目测整个小区主茎倒二叶叶片的花青甙显色有无。对照标准品种，并按表 2–4 进行分级，确定观测品种对应的表达状态和代码。如小区内性状表达不一致，应调查两个重复内异型株的数量并做好标记、拍照记录。

表 2-4　倒二叶：叶片花青甙显色分级标准及参照

表达状态	代码	标准品种	参考图片	注释与说明
无	1	合江 18		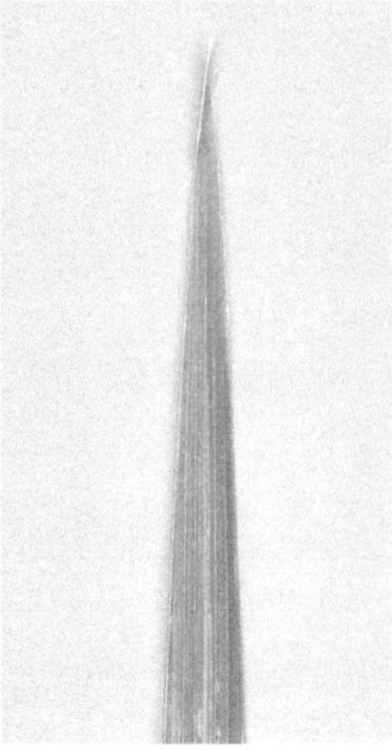
有	9	紫香糯		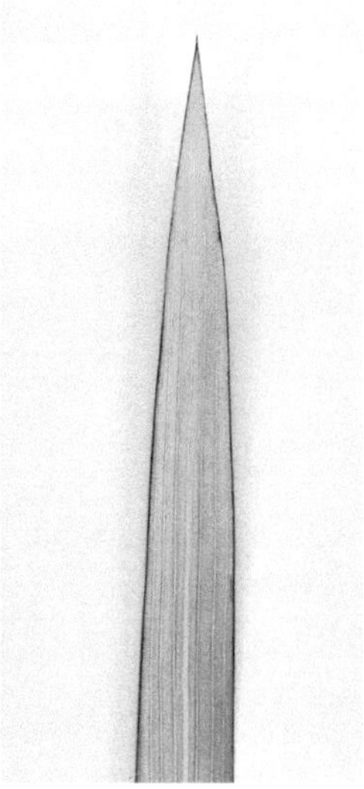

性状 5　倒二叶：姿态

性状分类：QN；VG。

观测时期：孕穗期，穗苞膨大（45）。

观测部位：倒二叶。

观测方法：待叶片露水或雨后雨水完全干后，目测整个小区主茎倒二叶叶尖与主茎的角度。对照标准品种，并按表 2-5 进行分级，确定观测品种对应的表达状态和代码。如小区内性状表达不一致，应调查其一致性。

表 2-5　倒二叶：姿态分级标准及参照

表达状态	代码	标准品种	参考图片	注释与说明
直立	1	桂花黄		倒二叶无弯曲，与主茎夹角≤ 20°
直立到半直立	2		暂无图片	倒二叶与主茎夹角 21° ～ 35°
半直立	3	轮回 01		倒二叶与主茎夹角 36° ～ 50°

（续表）

表达状态	代码	标准品种	参考图片	注释与说明
半直立到平展	4		暂无图片	倒二叶与主茎夹角 51° ～ 65°
平展	5	Sariqueen		倒二叶中部平展但叶尖略下垂，与主茎夹角 66° ～ 80°
平展到下弯	6		暂无图片	倒二叶与主茎夹角 81° ～ 95°
下弯	7	丽江新团黑谷		倒二叶自叶枕处开始下垂

注：实际测试中，代码 1、2、3 所示表达状态较常见。

性状 6　倒二叶：叶片茸毛密度

性状分类： QN；VG。

观测时期： 孕穗期，穗苞膨大（45）。

观测部位： 倒二叶。

观测方法： 采摘主茎倒二叶叶片，对折后，逆光，用 10 倍放大镜观察叶片表面茸毛的密集程度，随机观测 20 个单株。对照标准品种，并按表 2-6 进行分级，确定观测品种对应的表达状态和代码。如小区内性状表达不一致，应调查其一致性。

表 2-6　倒二叶：叶片茸毛密度分级标准及参照

表达状态	代码	标准品种	参考图片
无或极疏	1	旱轮稻	
疏	3	广陆矮 4 号	
中	5	浙场 9 号	

（续表）

表达状态	代码	标准品种	参考图片
密	7	矮糯	
极密	9	川 7 号	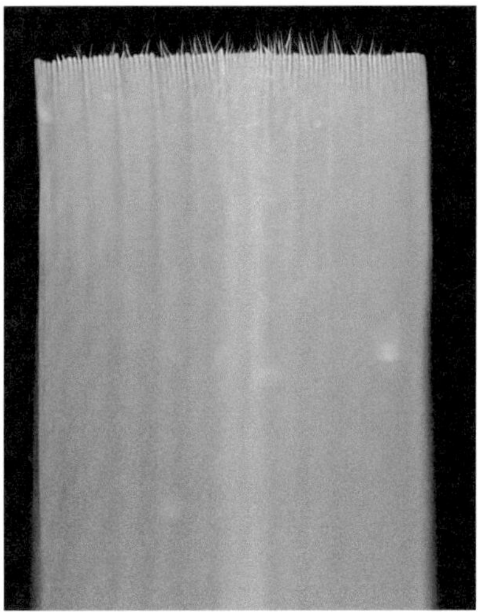

性状 7　倒二叶：叶耳花青甙显色

性状分类： *[①]；QL；VG。

观测时期： 孕穗期，穗苞膨大（45）。

观测部位： 倒二叶叶耳（图 2–1）。

观测方法： 随机观测 10 ～ 20 个典型单株的主茎倒二叶叶耳花青甙显色有无。对照标

① * 标记性状为国际植物新品种保护联盟（UPOV）用于统一品种描述所需要的重要性状，除非受环境条件限制性状的表达状态无法测试，所有 UPOV 成员都应使用这些性状，下同。

准品种，并按表 2–7 进行分级，确定观测品种对应的表达状态和代码。如小区内性状表达不一致，应调查两个重复内异型株的数量并做好标记、拍照记录。

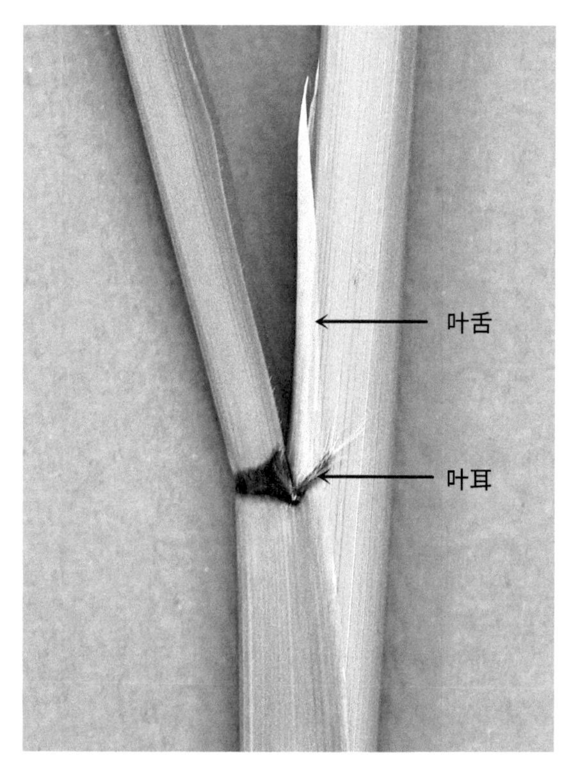

图 2-1　倒二叶叶耳、叶舌示意

表 2-7　倒二叶：叶耳花青甙显色分级标准及参照

表达状态	代码	标准品种	参考图片	注释与说明
无	1	Koshihikari		实际测试中，要把握正确的观测时期，超过时期可能会由于叶耳“枯黄”误导花青甙有无的观测结果

（续表）

表达状态	代码	标准品种	参考图片	注释与说明
有	9	竹云糯		部分品种叶耳显色表达范围较小，另有少量品种叶耳较小，观测时需特别仔细

性状 8　倒二叶：叶舌长度

性状分类：QN；VG。

观测时期：孕穗期，穗苞膨大（45）。

观测部位：倒二叶叶舌。

观测方法：该性状虽属群体目测性状，但在实际测试中，往往采用个体测量的观测方法。具体方法是：在小区中随机摘取 10 ～ 20 个主茎茎秆倒二叶，测量叶枕基部至叶舌顶端的长度，测量值精确至 0.1 cm，最终测量结果取各叶舌长度的平均值。对照标准品种，并按表 2–8 进行分级，确定观测品种对应的表达状态和代码。如小区内性状表达不一致，应调查其一致性。

表 2-8　倒二叶：叶舌长度分级标准

表达状态	代码	标准品种	叶舌长度（cm）
极短	1		≤ 0.5
极短到短	2	雨粒	0.6 ～ 0.9
短	3		1.0 ～ 1.3

（续表）

表达状态	代码	标准品种	叶舌长度（cm）
短到中	4	Asamurasaki	1.4 ～ 1.7
中	5		1.8 ～ 2.1
中到长	6	Dasanbyeo	2.2 ～ 2.5
长	7		2.6 ～ 2.9
长到极长	8		3.0 ～ 3.3
极长	9		≥ 3.4

性状 9　倒二叶：叶舌形状

性状分类：PQ；VG。

观测时期：孕穗期，穗苞膨大（45）。

观测部位：倒二叶叶舌。

观测方法：目测整个小区主茎倒二叶叶舌形状。对照标准品种，并按表 2-9 进行分级，确定观测品种对应的表达状态和代码。如小区内性状表达不一致，应调查其一致性。

表 2-9　倒二叶：叶舌形状分级标准及参照

表达状态	代码	标准品种	参考图片	注释与说明
平截	1		暂无图片	
尖	2	三粒寸		

（续表）

表达状态	代码	标准品种	参考图片	注释与说明
二裂	3	Dasanbyeo		

性状 10　穗：抽穗期

性状分类：*；QN；MG。

观测时期：抽穗期（55）。

观测部位：稻穗。

观测方法：目测整个小区 50% 的稻穗充分抽出剑叶叶鞘的时间，记为抽穗期，以“× 月 × 日”表示。计算播种次日至抽穗期的天数。对照标准品种，并按表 2–10 进行分级，确定观测品种对应的表达状态和代码。如小区内性状表达不一致，应调查两个重复内异型株的数量并做好标记、拍照记录。

表 2-10　穗：抽穗期分级标准及参照

表达状态	代码	标准品种	抽穗期（d）
极早	1		≤ 65
极早到早	2		66 ～ 72
早	3		73 ～ 79
早到中	4		80 ～ 86
中	5		87 ～ 93

（续表）

表达状态	代码	标准品种	抽穗期（d）
中到晚	6		94 ~ 100
晚	7	Sariqueen	101 ~ 107
晚到极晚	8		108 ~ 114
极晚	9	红壳老来青	≥ 115

性状 11　剑叶：姿态（初期）

性状分类：*；QN；VG。

观测时期：开花期，开花开始（60）。

观测部位：剑叶。

观测方法：待叶片露水或雨后雨水完全干后，目测整个小区主茎剑叶与主茎稻穗的夹角。对照标准品种，并按表 2-11 进行分级，确定观测品种对应的表达状态和代码。如小区内性状表达不一致，应调查其一致性。

表 2-11　剑叶：姿态（初期）分级标准及参照

表达状态	代码	标准品种	参考图片	注释与说明
直立	1	IR30		

（续表）

表达状态	代码	标准品种	参考图片	注释与说明
半直立	3	Heuknambyeo		
平展	5	元子占稻		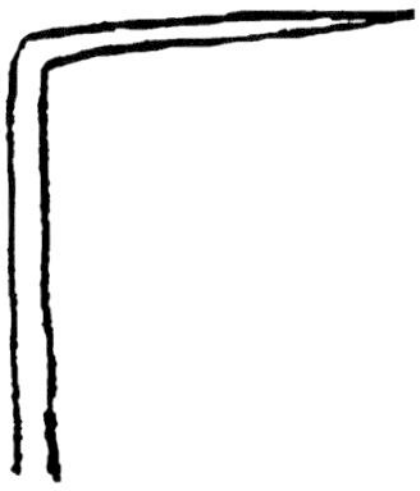
下弯	7	丽江新团黑谷		

性状 12 穗：芒

性状分类：QL；VG。

观测时期：开花期，开花开始（60）。

观测部位：穗。

观测方法：目测整个小区或随机选取小区中 20 个典型单株主茎稻穗，目测芒的有无。对照标准品种，并按表 2-12 进行分级，确定观测品种对应的表达状态和代码。如小区内性状表达不一致，应调查两个重复内异型株的数量并做好标记、拍照记录。需要注意的是，“穗：芒的有无”虽是质量性状，但易受环境影响，在品种内变异较大，不同年份观测结果有可能不一致。

表 2-12 穗：芒分级标准及参照

表达状态	代码	标准品种	参考图片	注释与说明
无	1	Dasanbyeo		应注意该性状的观测时期，如整个小区中仅有几株主茎稻穗有顶芒可视为该品种无芒
有	9	桂花黄		当观测样本中大于 20% 的主茎稻穗有芒时判定该品种有芒

性状 13　仅适用于有芒的品种[①]　穗：芒颜色（初期）

性状分类：PQ；VG。

观测时期：开花期，开花开始（60）。

观测部位：芒。

观测方法：目测整个小区稻穗芒的颜色。对照标准品种，并按表 2–13 进行分级，确定观测品种对应的表达状态和代码。如小区内性状表达不一致，应调查其一致性。

表 2-13　穗：芒颜色（初期）分级标准及参照

表达状态	代码	标准品种	参考图片
白色	1		暂无图片
浅黄色	2	桂花黄	
黄色	3		暂无图片
棕色	4		暂无图片
红棕色	5	红壳老来青	暂无图片

① 下划线是特别提示测试性状的适用范围。

（续表）

表达状态	代码	标准品种	参考图片
浅红色	6		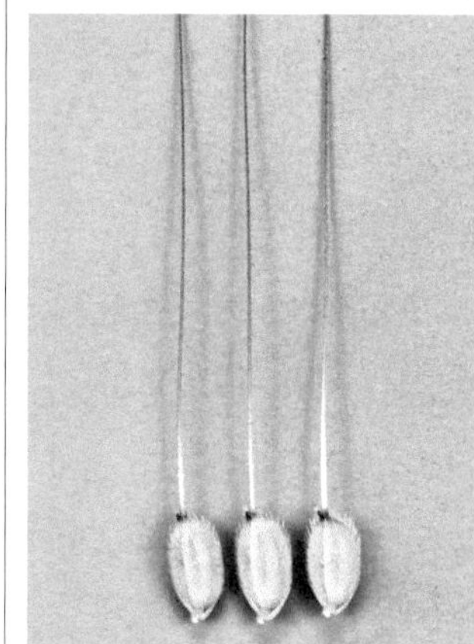
中等红色	7	Tsukushiakamochi	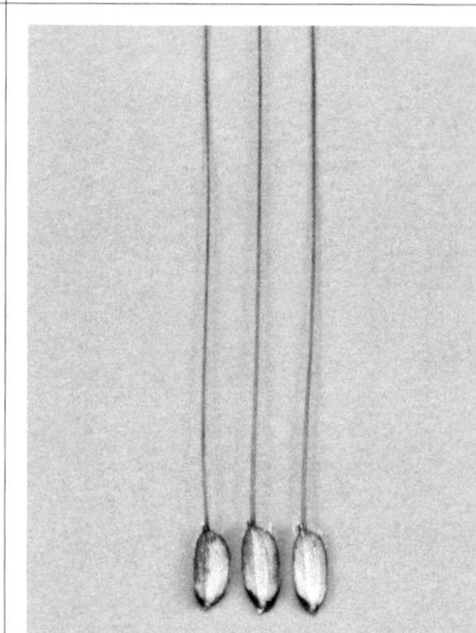
浅紫色	8		暂无图片
紫色	9	*Beniroman*	暂无图片
黑色	10	元子占稻	

性状 14　剑叶：叶片卷曲类型

性状分类：PQ；VG。

观测时期：开花期，开花一半（65）。

观测部位：剑叶。

观测方法：目测整个小区主茎剑叶叶片的卷曲程度。对照标准品种，并按表 2-14 进行分级，确定观测品种对应的表达状态和代码。如小区内性状表达不一致，应调查两个重复内异型株的数量并做好标记、拍照记录。

表 2-14　剑叶：叶片卷曲类型分级标准及参照

表达状态	代码	标准品种	参考图片	注释与说明
不卷或微卷	1	广陆矮 4 号		
正卷	2	CPY2199		叶片的两边向叶面弯曲

（续表）

表达状态	代码	标准品种	参考图片	注释与说明
反卷	3	竹云糯		叶片的两边向叶背弯曲
螺旋状	4		暂无图片	叶片的卷曲呈螺旋状

性状 15　仅适用于不育系品种　花药：形状

性状分类：PQ；VG。

观测时期：开花期，开花一半（65）。

观测部位：花药，参见图 2-2。

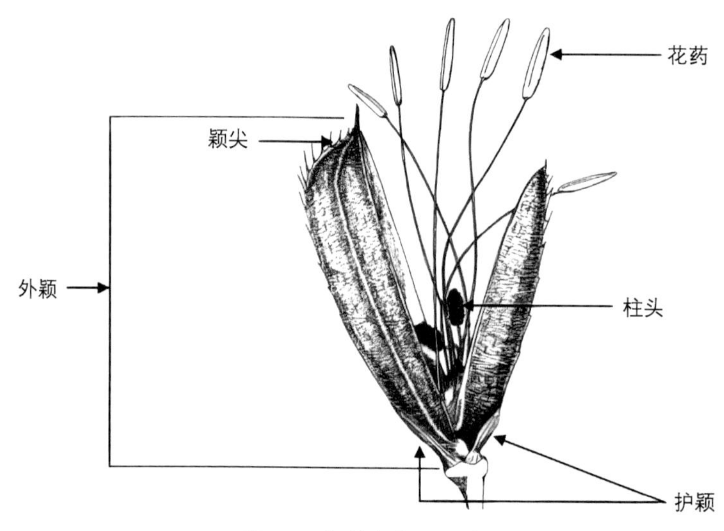

图 2-2　颖花各部位示意

观测方法：取主穗上、中、下部各 5 朵即将开花的颖花，将花药置于解剖镜下观察其形状。重复观测 10 个单株。对照标准品种，并按表 2–15 进行分级，确定观测品种对应的表达状态和代码。如小区内性状表达不一致，应调查其一致性。

表 2-15　花药：形状分级标准及参照

表达状态	代码	标准品种	参考图片	注释与说明
细小棒状	1			细长，比较厚实
水渍状	2	协青早 A		在解剖镜下可以看到花药内部壁内有类似小气泡的物质，短且形状不是很规则
饱满状	3		暂无图片	短小，粗壮

性状 16　仅适用于不育系品种　花药：颜色

性状分类：PQ；VG。

观测时期：开花期，开花一半（65）。

观测部位：花药。

观测方法：取主穗上、中、下部各 5 朵即将开花的颖花，将花药置于解剖镜下观察其颜色。重复观测 10 个单株。对照标准品种，并按表 2–16 进行分级，确定观测品种对应的表达状态和代码。如小区内性状表达不一致，应调查其一致性。

表 2-16　花药：颜色分级标准及参照

表达状态	代码	标准品种	参考图片
白色或乳白色	1	协青早 A	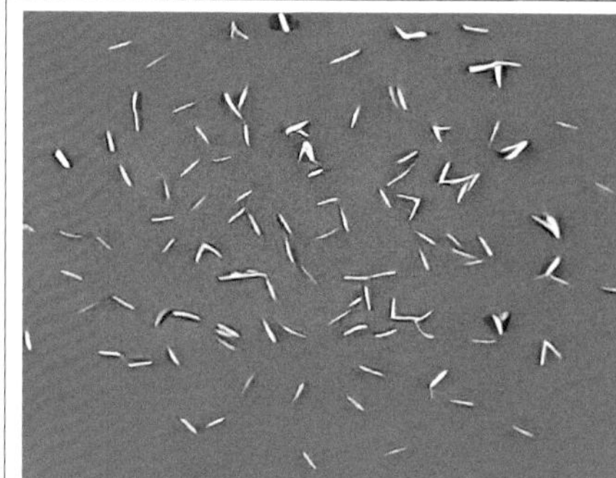
浅黄色	2		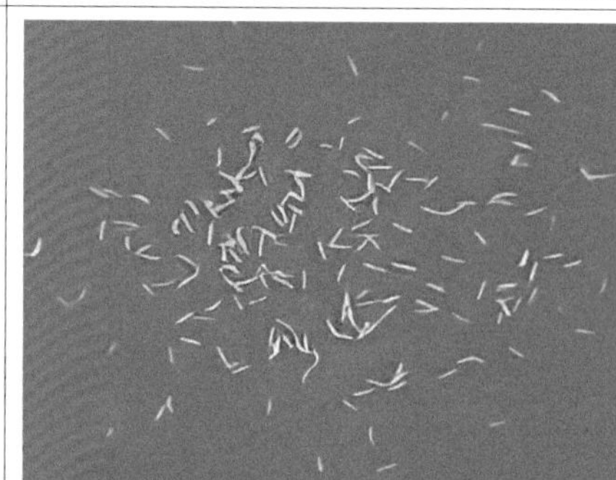
中等黄色	3		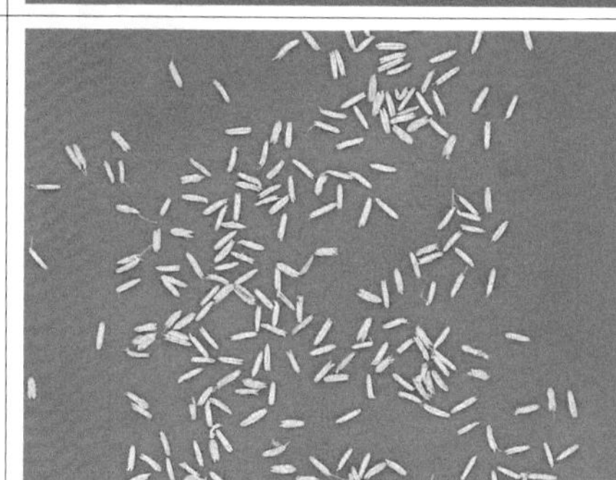

性状 17　仅适用于不育系品种　花药：不育花粉类型

性状分类：PQ；VG。

观测时期：开花期，开花一半（65）。

观测部位：花药。

观测方法：取主穗上、中、下部各 1 朵即将开花的颖花，每朵颖花取 2 ～ 3 个花药，混合制片，用 1% 的 I–KI 染色后，在 80 ～ 100 倍显微镜下观察花粉粒的形状和染色反应，随机观察 2 ～ 3 个视野，观察花粉量在 200 粒以上，记录各类不育花粉的粒数。重复观测 10 个单株，计算各类不育花粉占全部花粉的百分率。对照标准品种，并按表 2–17 进行分级，确定观测品种对应的表达状态和代码。

表 2-17　花药：不育花粉类型分级标准及参照

表达状态	代码	标准品种	参考图片	注释与说明
无花粉型	1			显微镜下观测，无花粉或只有极少量其他败育类型花粉
典败型	2	协青早 A		典败花粉占 50% 以上。典败花粉：花粉不染色，形状不规则，如三管形、多边形等
圆败型	3		暂无图片	圆败花粉粒占 50% 以上。圆败花粉：花粉粒外观圆形，无染色淀粉粒
染败型	4			染败花粉占 50% 以上。染败花粉：大多数花粉形态正常，但着色较浅或着色不均匀，也有部分花粉深染色，但粒形明显异常

性状 18　小穗：外颖颖尖花青甙显色强度（初期）

性状分类：*；QN；VG。

观测时期：开花期，开花一半（65）。

观测部位：小穗颖尖。

观测方法：随机选择 20 个典型单株小穗的颖尖，目测其颖尖花青甙显色强弱。对照标准品种，并按表 2-18 进行分级，确定观测品种对应表达状态和代码。如小区内性状表达不一致，应调查其一致性。

表 2-18　小穗：外颖颖尖花青甙显色强度（初期）分级标准及参照

表达状态	代码	标准品种	参考图片
无或极弱	1	Dasanbyeo	
弱	3	红壳老来青	
中	5	陆川早 1 号	

（续表）

表达状态	代码	标准品种	参考图片
强	7	竹云糯	
极强	9	Heuknambyeo	

性状 19　小穗：柱头颜色

性状分类：*；PQ；VG。

观测时期：开花期，开花一半（65）。

观测部位：主茎稻穗柱头。

观测方法：颖花开放时（一般为上午 9 点至下午 2 点），随机选取 20 个典型单株主茎稻穗柱头，剥开颖壳，目测柱头的颜色。对照标准品种，并按表 2-19 进行分级，确定观测品种对应表达状态和代码。如小区内性状表达不一致，应调查其一致性。

表 2-19　小穗：柱头颜色分级标准及参照

表达状态	代码	标准品种	参考图片
白色	1	合江 18	

（续表）

表达状态	代码	标准品种	参考图片
浅紫色	4	Asamurasaki	
中等紫色	5	竹云糯	

注：代码 2 所示表达状态浅绿色、代码 3 所示表达状态黄色暂未发现对应的标准品种，实际测试中也极少见。

性状 20　仅适用于不育系品种　穗：柱头总外露率

性状分类：QN；MS。

观测时期：开花期，开花结束（69）。

观测部位：稻穗，参见图 2-3。

图 2-3　柱头外露示意

观测方法：柱头外露指开花后柱头完全或部分伸出颖壳之外，柱头外露可分为单外露（颖花两个柱头之一伸出颖壳之外）和双外露（颖花两个柱头都伸出颖壳之外）两种情况。选晴好天气中午时，调查整个稻穗单、双柱头外露的颖花之和占全部已开花的颖花的百分率。随机观测 20 个刚结束开花的稻穗主穗，分别统计已开花的颖花总数和柱头外露的颖花数，计算平均柱头总外露率。对照标准品种，并按表 2–20 进行分级，确定观测品种对应的表达状态和代码。如小区内性状表达不一致，应调查其一致性。

表 2-20　穗：柱头总外露率分级标准及参照

表达状态	代码	标准品种	总外露率（%）
极低	1		≤ 21
极低到低	2		22 ～ 29
低	3		30 ～ 37
低到中	4		38 ～ 45
中	5	珍汕 97A	46 ～ 55
中到高	6		56 ～ 65
高	7	培矮 64S	66 ～ 75
高到极高	8		76 ～ 85
极高	9		≥ 86

性状 21　植株：单株穗数

性状分类：QN；MS。

观测时期：灌浆期（70）。

观测部位：稻穗。

观测方法：随机选取 20 个单株，调查每株总穗数。对照标准品种，并按表 2–21 进行分级，确定观测品种对应的表达状态和代码。如小区内性状表达不一致，应调查其一致性。

表 2-21 植株：单株穗数分级标准及参照

表达状态	代码	标准品种	单株穗数（个）
极少	1		≤ 3
极少到少	2		4 ～ 7
少	3	Asamurasaki	8 ～ 11
少到中	4	Dasanbyeo	12 ～ 15
中	5		16 ～ 19
中到多	6		20 ～ 23
多	7	陆川早 1 号	24 ～ 27
多到极多	8		28 ～ 31
极多	9	丛矮 2 号	≥ 32

性状 22 茎秆：直径

性状分类： QN；MS。

观测时期： 灌浆期（70）。

观测部位： 茎秆。

观测方法： 使用电子数显游标卡尺测量 20 个单株主茎茎秆基部第 2 伸长节间中部的外径，测量结果精确至 0.1 mm。对照标准品种，并按表 2–22 进行分级，确定观测品种对应的表达状态和代码。如小区内性状表达不一致，应调查其一致性。

表 2-22 茎秆：直径分级标准及参照

表达状态	代码	标准品种	直径（mm）
极细	1		≤ 2.9
极细到细	2		3.0 ～ 3.7
细	3	丛矮 2 号	3.8 ～ 4.5
细到中	4		4.6 ～ 5.3
中	5	广陆矮 4 号	5.4 ～ 6.1
中到粗	6		6.2 ～ 6.9
粗	7	浙场 9 号	7.0 ～ 7.7
粗到极粗	8		7.8 ～ 8.5
极粗	9		≥ 8.6

性状 23　仅适用于非深水稻品种　茎秆：长度（不包括穗）

性状分类：*；QN；MS。

观测时期：灌浆期（70）。

观测部位：茎秆。

观测方法：测量 20 个单株主茎茎秆基部至穗颈节的长度，测量结果精确至 1 cm。对照标准品种，并按表 2-23 进行分级，确定观测品种对应的表达状态和代码。如小区内性状表达不一致，应调查两个重复内异型株的数量并做好标记、拍照记录。

表 2-23　茎秆：长度分级标准及参照

表达状态	代码	标准品种	长度（cm）
极短	1		≤ 44
极短到短	2	丛矮 2 号	45 ～ 54
短	3		55 ～ 64
短到中	4	广陆矮 4 号	65 ～ 74
中	5	丽水糯	75 ～ 84
中到长	6	元子占稻	85 ～ 94
长	7	川 7 号	95 ～ 104
长到极长	8		105 ～ 114
极长	9		≥ 115

性状 24　茎秆：基部茎节包露

性状分类：QL；VG。

观测时期：灌浆期（70）。

观测部位：茎秆基部茎节。

观测方法：目测整个小区主茎基部茎节的包裹或现露情况。对照标准品种，并按表 2-24 进行分级，确定观测品种对应的表达状态和代码。如小区内性状表达不一致，应调查其一致性。

表 2-24　茎秆：基部茎节包露分级标准及参照

表达状态	代码	标准品种	参考图片
包	1	Dasanbyeo	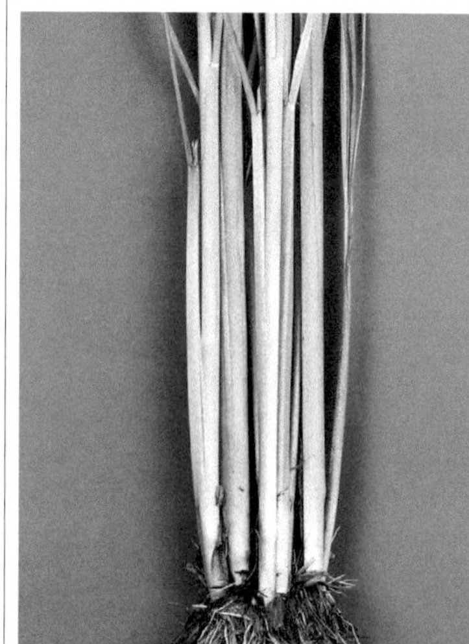
露	9	白芒稻	

性状 25　茎节花青甙显色

性状分类：*；QL；VG。

观测时期：灌浆期（70）。

观测部位：茎秆中部茎节。

观测方法：目测整个小区主茎中部茎节的花青甙显色有无。对照标准品种，并按表 2-25 进行分级，确定观测品种对应的表达状态和代码。如小区内性状表达不一致，应调查其一致性。

表 2-25　茎秆：茎节花青甙显色分级标准及参照

表达状态	代码	标准品种	参考图片
无	1	Dasanbyeo	
有	9	紫香糯	

性状 26　仅适用于有芒的品种　穗：芒分布

性状分类：*；PQ；VG。

观测时期：灌浆期至蜡熟期（70 ～ 80）。

观测部位：稻穗。

观测方法：观测整个小区，从穗顶端向下观察穗上芒的分布情况。对照标准品种，并按表 2–26 进行分级，确定观测品种对应的表达状态和代码。

表 2-26　穗：芒分布分级标准及参照

表达状态	代码	标准品种	参考图片
顶端	1	紫香糯	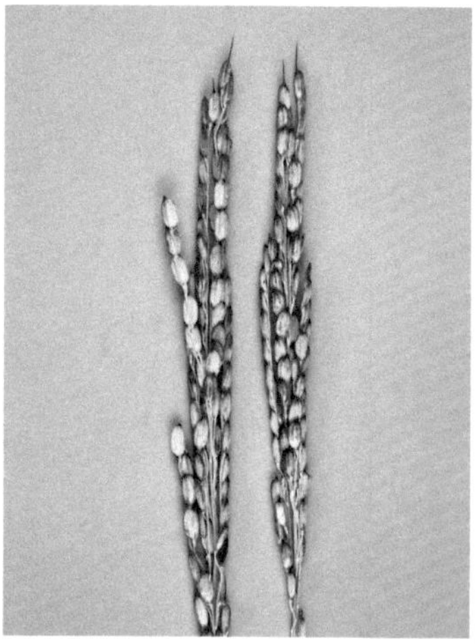
上部 1/4	2		暂无图片
上部 1/2	3	桂花黄	
上部 3/4	4	白芒稻	

（续表）

表达状态	代码	标准品种	参考图片
整穗	5	Tsukushiakamochi	

性状 27　仅适用于有芒的品种　穗：最长芒长度

性状分类：QN；VG。

观测时期：灌浆期至蜡熟期（70 ～ 80）。

观测部位：芒。

观测方法：该性状虽属群体目测性状，但在实际测试中，一般采取在整个小区挑选穗上最长芒，用直尺测量最长芒长度的方法，测量结果精确至 0.1cm。对照标准品种，并按表 2–27 进行分级，确定观测品种对应的表达状态和代码。

表 2-27　茎秆：最长芒长度分级标准及参照

表达状态	代码	标准品种	芒长度（cm）
极短	1	Asamurasaki	≤ 0.5
极短到短	2	丛矮 2 号	0.6 ～ 1.0
短	3		1.1 ～ 1.5
短到中	4	桂花黄	1.6 ～ 2.0
中	5		2.1 ～ 3.5
中到长	6		3.6 ～ 4.0
长	7		4.1 ～ 4.5
长到极长	8		4.6 ～ 5.0
极长	9	Tsukushiakamochi	≥ 5.1

性状 28　小穗：外颖茸毛密度

性状分类：*；QN；VG。

观测时期：灌浆期至蜡熟期（70 ～ 80）。

观测部位：外颖。

观测方法：用 10 倍放大镜观察外颖表面茸毛的分布程度。观测整个小区。对照标准品种，并按表 2-28 进行分级，确定观测品种对应的表达状态和代码。

表 2-28　小穗：外颖茸毛密度分级标准及参照

表达状态	代码	标准品种	参考图片
无或极疏	1	旱轮稻	
疏	3	广陆矮 4 号	
中	5	合江 18	
密	7	桂花黄	
极密	9	Sariqueen	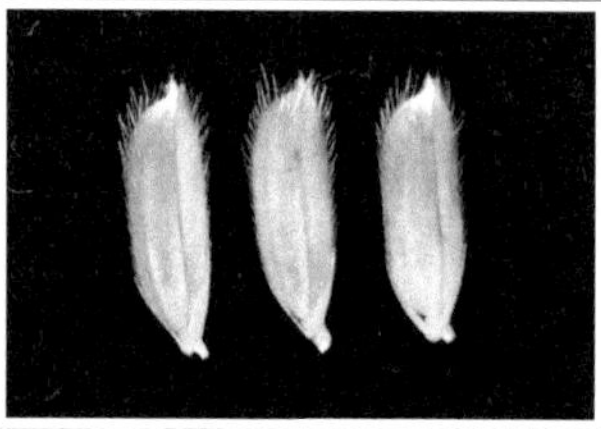

性状 29　剑叶：叶片长度

性状分类：QN；MS。

观测时期：灌浆期，颖果水样成熟（71）。

观测部位：剑叶。

观测方法：测量 20 个单株主茎剑叶叶枕到叶尖的长度，测量结果精确至 0.1 cm。对照标准品种，并按表 2-29 进行分级，确定观测品种对应的表达状态和代码。如小区内性状表达不一致，应调查其一致性。

表 2-29　剑叶：叶片长度分级标准及参照

表达状态	代码	标准品种	剑叶长度（cm）
极短	1		≤ 11.0
极短到短	2	丛矮 2 号	11.1 ～ 18.0
短	3	桂花黄	18.1 ～ 25.0
短到中	4		25.1 ～ 32.0
中	5	Yumetoiro	32.1 ～ 39.0
中到长	6		39.1 ～ 46.0
长	7	浙场 9 号	46.1 ～ 53.0
长到极长	8		53.1 ～ 60.0
极长	9	川 7 号	≥ 60.1

性状 30　剑叶：叶片宽度

性状分类：QN；MS。

观测时期：灌浆期，颖果水样成熟（71）。

观测部位：剑叶。

观测方法：测量 20 个单株主茎剑叶叶片最宽部分的宽度，测量结果精确至 0.1 cm。对照标准品种，并按表 2-30 进行分级，确定观测品种对应的表达状态和代码。如小区内性状表达不一致，应调查其一致性。

表 2-30　剑叶：叶片宽度分级标准及参照

表达状态	代码	标准品种	剑叶宽度（cm）
极窄	1		≤ 0.8
极窄到窄	2		0.9 ～ 1.1
窄	3	雨粒	1.2 ～ 1.4
窄到中	4		1.5 ～ 1.7
中	5		1.8 ～ 2.0
中到宽	6	Dasanbyeo	2.1 ～ 2.3
宽	7	矮糯	2.4 ～ 2.6
宽到极宽	8		2.7 ～ 2.9
极宽	9		≥ 3.0

性状 31　剑叶：姿态（后期）

性状分类： *；QN；VG。

观测时期： 灌浆晚期（77）。

观测部位： 剑叶。

观测方法： 待叶片露水完全干后，目测整个小区的主茎剑叶的姿态。对照标准品种，并按表 2-31 进行分级，确定观测品种对应的表达状态和代码。如小区内性状表达不一致，应调查其一致性。

表 2-31　剑叶：姿态（后期）分级标准及参照

表达状态	代码	标准品种	参考图片
直立	1	Yumetoiro	

（续表）

表达状态	代码	标准品种	参考图片
半直立	3	矮糯	
平展	5	Koshihikari	
下弯	7	Daelip 1	

性状 32　仅适用于有芒的品种　穗：芒颜色（后期）

性状分类：PQ；VG。

观测时期：成熟期（90）。

观测部位：芒。

观测方法：目测整个小区芒的颜色。对照标准品种，并按表 2–32 进行分级，确定观测品种对应的表达状态和代码。如小区内性状表达不一致，应调查其一致性。

表 2-32　穗：芒颜色（后期）分级标准及参照

表达状态	代码	标准品种	参考图片
浅黄色	1	桂花黄	
中等黄色	2		暂无图片
棕色	3		暂无图片
红棕色	4	红壳老来青	
浅红色	5		暂无图片
中等红色	6		暂无图片

（续表）

表达状态	代码	标准品种	参考图片
浅紫色	7		暂无图片
中等紫色	8	Tsukushiakamochi	
紫色	9	紫香糯	

性状 33　穗：姿态

性状分类： *；PQ；VG。

观测时期： 成熟期（90）。

观测部位： 稻穗。

观测方法： 目测整个小区主穗穗轴的直立或弯曲程度。对照标准品种，并按表 2–33 进行分级，确定观测品种对应的表达状态和代码。如小区内性状表达不一致，应调查两个重复内异型株的数量并做好标记、拍照记录。

表 2-33　穗：姿态分级标准及参照

表达状态	代码	标准品种	参考图片	注释与说明
直立	1	特矮选		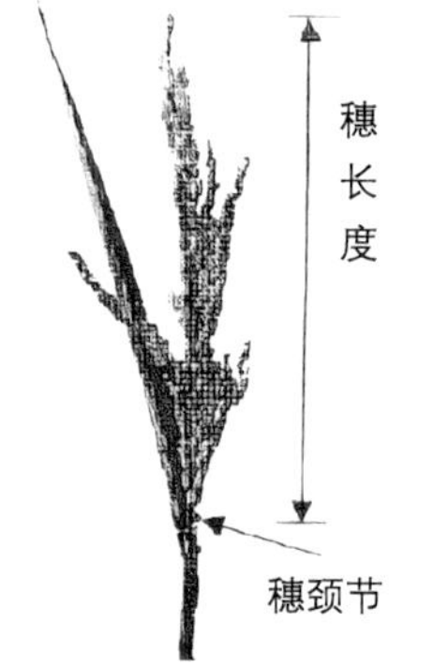 穗长度 穗颈节
半直立	2			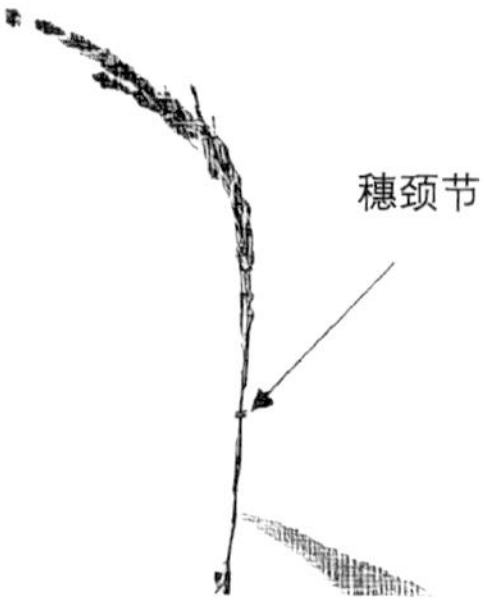 穗颈节
轻度下弯	3	桂花黄		 穗颈节
强烈下弯	4	Dasanbyeo		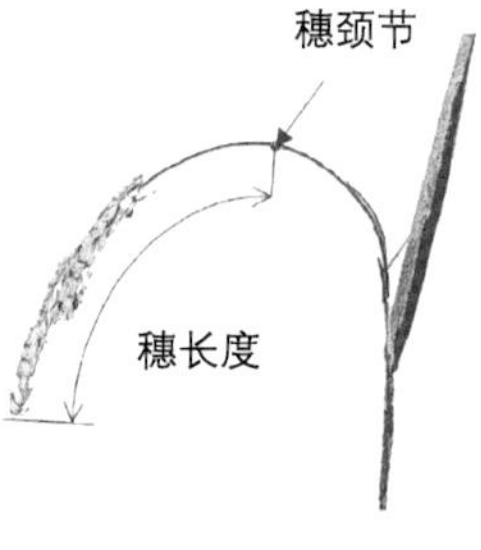 穗颈节 穗长度

性状 34　穗：二次枝梗类型

性状分类：PQ；VG。

观测时期：成熟期（90）。

观测部位：稻穗。

观测方法：目测整个小区主穗一次枝梗上二次枝梗的着生情况。对照标准品种，并按表 2-34 进行分级，确定观测品种对应的表达状态和代码。如小区内性状表达不一致，应调查其一致性。

表 2-34　穗：二次枝梗类型分级标准及参照

表达状态	代码	标准品种	参考图片	注释与说明
少	1	丛矮 2 号	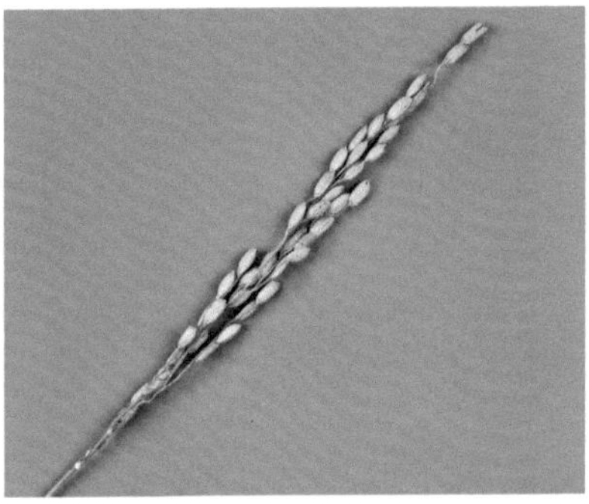	每个一次枝梗上二次枝梗小于 2 个
中	2	广陆矮 4 号		每个一次枝梗上二次枝梗小于 4 个，但全穗不一致
多	3	矮糯	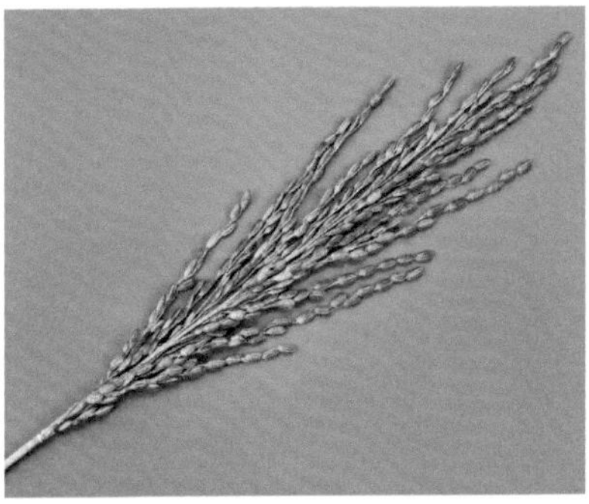	每个一次枝梗上二次枝梗大于等于 3 个且全穗一致

性状 35　穗：分枝姿态

性状分类：*；QN；VG。

观测时期：成熟期（90）。

观测部位：稻穗。

观测方法：目测整个小区主穗一次枝梗与穗轴的角度。对照标准品种，并按表 2-35 进行分级，确定观测品种对应的表达状态和代码。如小区内性状表达不一致，应调查其一致性。

表 2-35　穗：分枝姿态分级标准及参照

表达状态	代码	标准品种	参考图片	注释与说明
直立	1	桂花黄		
半直立	3	广陆矮 4 号		

（续表）

表达状态	代码	标准品种	参考图片	注释与说明
散开	5	陆川早 1 号		

性状 36　穗：抽出度

性状分类：PQ；VG。

观测时期：成熟期（90）。

观测部位：稻穗。

观测方法：目测整个小区主穗穗颈节至剑叶叶枕的距离。对照标准品种，并按表 2-36 进行分级，确定观测品种对应的表达状态和代码。如小区内性状表达不一致，应调查两个重复内异型株的数量并做好标记、拍照记录。

表 2-36　穗：抽出度分级标准及参照

表达状态	代码	标准品种	参考图片	注释与说明
严重包颈	1		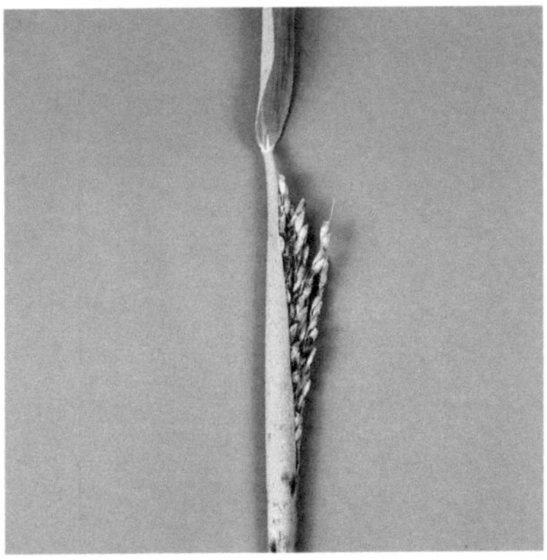	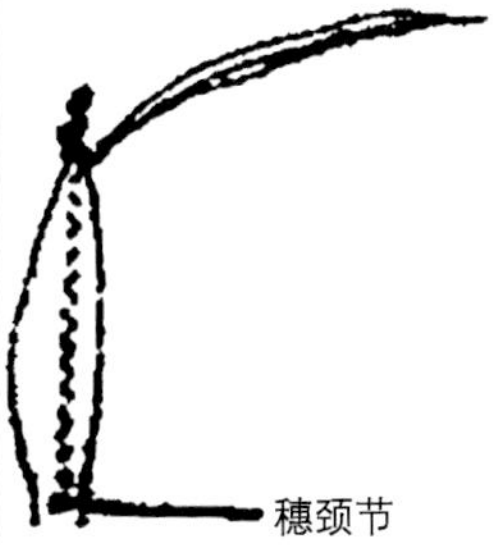 穗颈节

（续表）

表达状态	代码	标准品种	参考图片	注释与说明
中度包颈	2	协青早 A		 穗颈节
轻度包颈	3	99Z-239		 穗颈节
正好抽出	4	特矮选		 穗颈节

（续表）

表达状态	代码	标准品种	参考图片	注释与说明
抽出较好	5	Dasanbyeo		
抽出良好	6	丽江新团黑谷		

注：代码 1、代码 2 所示表达状态暂未发现对应的标准品种，实际测试中也极少见。

性状 37　穗：长度

性状分类： *；QN；MS。

观测时期： 灌浆早期至成熟期（73 ～ 92），不育系（73）。

观测部位： 稻穗。

观测方法： 选取 20 个主穗，测量穗颈节到穗顶端的长度（芒除外），测量结果精确至 0.1 cm。对照标准品种，并按表 2–37 进行分级，确定观测品种对应的表达状态和代码。如小区内性状表达不一致，应调查其一致性。

表 2-37　穗：长度分级标准及参照

表达状态	代码	标准品种	穗长（cm）
极短	1		≤ 5.0
极短到短	2		5.1 ～ 10.0
短	3		10.1 ～ 15.0
短到中	4		15.1 ～ 20.0
中	5		20.1 ～ 25.0
中到长	6		25.1 ～ 30.0
长	7		30.1 ～ 35.0
长到极长	8		35.1 ～ 40.0
极长	9		≥ 40.1

性状 38　穗：每穗粒数

性状分类：QN；MS。

观测时期：灌浆早期至成熟期（73 ～ 92），不育系（73）。

观测部位：稻穗。

观测方法：选取 20 个主穗，计算每穗总粒数（包括实粒数、空庇粒数、落粒数）。对照标准品种，并按表 2–38 进行分级，确定观测品种对应的表达状态和代码。

表 2-38　穗：每穗粒数分级标准及参照

表达状态	代码	标准品种	每穗粒数（粒）
极少	1		≤ 50
极少到少	2		51 ～ 103
少	3		104 ～ 156
少到中	4		157 ～ 209
中	5		210 ～ 262
中到多	6		263 ～ 315
多	7		316 ～ 368
多到极多	8		369 ～ 421
极多	9		≥ 422

性状 39　穗：结实率

性状分类：QN；MS。

观测时期：成熟期，颖果坚硬，90% 以上小穗成熟（92）。

观测部位：稻穗。

观测方法：选取 20 个主穗，计算每穗实粒数占总粒数的百分率，测量结果精确至 0.1%。对照标准品种，并按表 2-39 进行分级，确定观测品种对应的表达状态和代码。

表 2-39　穗：结实率分级标准及参照

表达状态	代码	标准品种	结实率（%）
不结实或极低	1		≤ 5.0
极低到低	2		5.1 ～ 25.0
低	3		25.1 ～ 45.0
低到中	4		45.1 ～ 65.0
中	5		65.1 ～ 75.0
中到高	6		75.1 ～ 80.0
高	7		80.1 ～ 85.0
高到极高	8		85.1 ～ 90.0
极高	9		≥ 90.1

性状 40　小穗：外颖颖尖花青甙显色强度（后期）

性状分类：QN；VG。

观测时期：成熟期，颖果坚硬，90% 以上小穗成熟（92）。

观测部位：外颖。

观测方法：随机选取适量成熟小穗，目测小穗外颖颖尖花青甙显色强度。对照标准品种，并按表 2-40 进行分级，确定观测品种对应的表达状态和代码。如小区内性状表达不一致，应调查其一致性。

表 2-40　小穗：外颖颖尖花青甙显色强度（后期）分级标准及参照

表达状态	代码	标准品种	参考图片
无或极弱	1	广陆矮 4 号	
弱	3		暂无图片
中	5	旱轮稻	
强	7	竹云糯	
极强	9	Asamurasaki	

性状 41　小穗：护颖长度

性状分类：QN；VG。

观测时期：成熟期，颖果坚硬，90% 以上小穗成熟（92）。

观测部位：护颖。

观测方法：随机选取适量成熟小穗，目测小穗护颖长度。对照标准品种，并按表 2–41 进行分级，确定观测品种对应的表达状态和代码。如小区内性状表达不一致，应调查其一致性。

表 2-41　小穗：护颖长度分级标准及参照

表达状态	代码	标准品种	护颖长度（mm）
极短	1		≤ 0.5
极短到短	2		0.6 ～ 1.0
短	3		1.1 ～ 1.5
短到中	4		1.6 ～ 2.0
中	5		2.1 ～ 2.5
中到长	6		2.6 ～ 3.0
长	7		3.1 ～ 4.0
长到极长	8		＞ 4.0，但比外颖短
极长	9		≥外颖

性状 42　谷粒：外颖颜色

性状分类：PQ；VG。

观测时期：成熟期，颖果坚硬，90% 以上小穗成熟（92）。

观测部位：外颖。

观测方法：随机选取 100 粒左右饱满谷粒，目测谷粒外颖颜色。对照标准品种，并按表 2–42 进行分级，确定观测品种对应的表达状态和代码。如小区内性状表达不一致，应调查其一致性。

表 2-42 谷粒：外颖颜色分级标准及参照

表达状态	代码	标准品种	参考图片
浅黄色	1	Dasanbyeo	
金黄色	2	川 7 号	
棕色	3		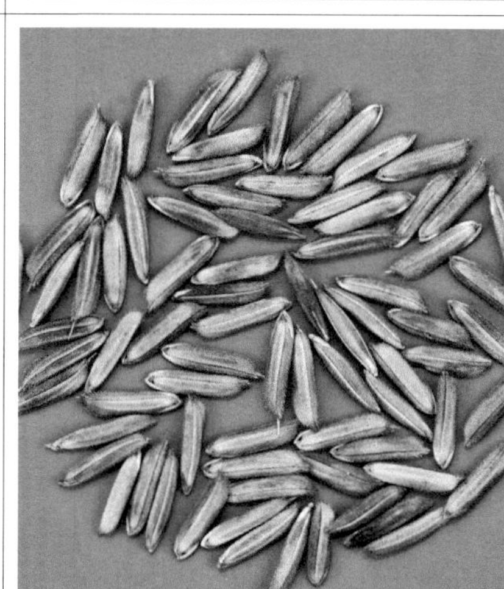

（续表）

表达状态	代码	标准品种	参考图片
浅紫红色	4		
紫色	5	丽江新团黑谷	
黑色	6	紫香糯	

性状 43　谷粒：外颖修饰色

性状分类：PQ；VG。

观测时期：成熟期，颖果坚硬，90% 以上小穗成熟（92）。

观测部位：外颖。

观测方法：随机选取 100 粒左右饱满谷粒，目测谷粒外颖修饰色。对照标准品种，并按表 2–43 进行分级，确定观测品种对应的表达状态和代码。

表 2-43　谷粒：外颖修饰色分级标准及参照

表达状态	代码	标准品种	参考图片
无	1	Dasanbyeo	
金黄色条纹	2	旱轮蹈	
棕色条纹	3		暂无图片
紫色斑点	4		暂无图片
紫色条纹	5		暂无图片

性状 44　谷粒：千粒重

性状分类：QN；MS。

观测时期：成熟期，颖果坚硬，90% 以上小穗成熟（92）。

观测部位：谷粒。

观测方法：稻谷收获并风干后，随机选取适量饱满谷粒，用数字化考种机测量千粒重，测量结果精确至 0.01 g，3 次重复。对照标准品种，并按表 2–44 进行分级，确定观测品种对应的表达状态和代码。

表 2-44 谷粒：千粒重分级标准及参照

表达状态	代码	标准品种	千粒重（g）
极低	1		≤ 11.0
极低到低	2		11.1 ～ 16.0
低	3		16.1 ～ 20.0
低到中	4		20.1 ～ 24.0
中	5		24.1 ～ 28.0
中到高	6		28.1 ～ 32.0
高	7		32.1 ～ 36.0
高到极高	8		36.1 ～ 40.0
极高	9		≥ 40.1

性状 45 谷粒：长度

性状分类： QN；MS。

观测时期： 成熟期，颖果坚硬，90% 以上小穗成熟（92）。

观测部位： 谷粒。

观测方法： 稻谷收获晒干后选取适量谷粒，用数字化考种机测量谷粒的长度，测量结果精确至 0.1 mm，3 次重复。对照标准品种，并按表 2–45 进行分级，确定观测品种对应的表达状态和代码。

表 2-45 谷粒：长度分级标准及参照

表达状态	代码	标准品种	谷粒长度（mm）
极短	1		≤ 4.4
极短到短	2		4.5 ～ 5.4
短	3		5.5 ～ 6.4
短到中	4		6.5 ～ 7.4

（续表）

表达状态	代码	标准品种	谷粒长度（mm）
中	5		7.5 ～ 8.4
中到长	6		8.5 ～ 9.4
长	7		9.5 ～ 10.4
长到极长	8		10.5 ～ 11.4
极长	9		≥ 11.5

性状 46　谷粒：宽度

性状分类：QN；MS。

观测时期：成熟期，颖果坚硬，90% 以上小穗成熟（92）。

观测部位：谷粒。

观测方法：稻谷收获晒干后选取适量谷粒，用数字化考种机测量谷粒的宽度，测量结果精确至 0.1 mm，3 次重复。对照标准品种，并按表 2–46 进行分级，确定观测品种对应的表达状态和代码。

表 2-46　谷粒：宽度分级标准及参照

表达状态	代码	标准品种	谷粒宽度（mm）
极窄	1		≤ 1.5
极窄到窄	2		1.6 ～ 1.8
窄	3		1.9 ～ 2.1
窄到中	4		2.2 ～ 2.4
中	5		2.5 ～ 2.7
中到宽	6		2.8 ～ 3.0
宽	7		3.1 ～ 3.3
宽到极宽	8		3.4 ～ 3.6
极宽	9		≥ 3.7

性状 47　谷粒：形状

性状分类：PQ；MG。

观测时期：成熟期，颖果坚硬，90% 以上小穗成熟（92）。

观测部位：谷粒。

观测方法：根据谷粒平均长度和宽度，计算谷粒长宽比，保留两位小数。对照标准品种，并按表 2-47 进行分级，确定观测品种对应的表达状态和代码。

表 2-47　谷粒：形状分级标准及参照

表达状态	代码	标准品种	参考图片	注释与说明
短圆形	1	99Z-239		长宽比≤ 1.80
阔卵形	2	旱轮稻		长宽比 1.81 ～ 2.20
椭圆形	3	广陆矮 4 号		长宽比 2.21 ～ 3.30
细长形	4	丽水糯		长宽比≥ 3.31

性状 48　糙米：长度

性状分类：*；QN；MS。

观测时期：成熟期，颖果坚硬，90% 以上小穗成熟（92）。

观测部位：糙米。

观测方法：稻谷收获晒干后打出完整糙米适量，用数字化考种机测量糙米的长度，测量结果精确至 0.1 mm，3 次重复。对照标准品种，并按表 2-48 进行分级，确定观测品种对应的表达状态和代码。

表 2-48　糙米：长度分级标准及参照

表达状态	代码	标准品种	糙米长度（mm）
极短	1		≤ 4.5
极短到短	2		4.6 ～ 5.0
短	3		5.1 ～ 5.5
短到中	4		5.6 ～ 6.0
中	5		6.1 ～ 6.5
中到长	6		6.6 ～ 7.0
长	7		7.1 ～ 7.5
长到极长	8		7.6 ～ 8.0
极长	9		≥ 8.1

性状 49　糙米：宽度

性状分类：QN；MS。

观测时期：成熟期，颖果坚硬，90% 以上小穗成熟（92）。

观测部位：糙米。

观测方法：稻谷收获晒干后打出完整糙米适量，用数字化考种机测量糙米的宽度，测量结果精确至 0.1 mm。对照标准品种，并按表 2-49 进行分级，确定观测品种对应的表达状态和代码。

表 2-49　糙米：宽度分级标准及参照

表达状态	代码	标准品种	糙米宽度（mm）
极窄	1		≤ 1.1
极窄到窄	2		1.2 ～ 1.4
窄	3		1.5 ～ 1.7
窄到中	4		1.8 ～ 2.0
中	5		2.1 ～ 2.3
中到宽	6		2.4 ～ 2.6
宽	7		2.7 ～ 2.9
宽到极宽	8		3.0 ～ 3.2
极宽	9		≥ 3.3

性状 50　糙米：形状

性状分类：*；PQ；VG。

观测时期：成熟期，颖果坚硬，90% 以上小穗成熟（92）。

观测部位：糙米。

观测方法：取 100 粒左右糙米，目测糙米的外观形状。对照标准品种并参考图 2-4，按表 2-50 进行分级，确定观测品种对应的表达状态和代码。

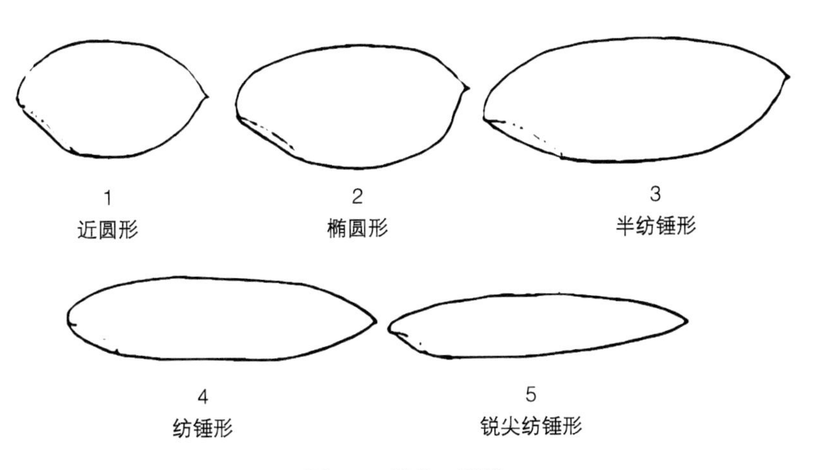

图 2-4　糙米：形状

表 2-50 糙米：形状分级标准及参照

表达状态	代码	标准品种	参考图片
近圆形	1	特矮选	
椭圆形	2	广陆矮 4 号	
半纺锤形	3	Yumetoiro	
纺锤形	4	丽水糯	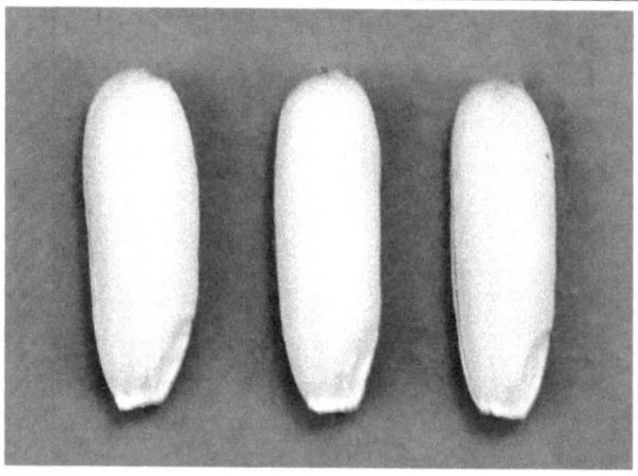
锐尖纺锤形	5		

性状 51　糙米：颜色

性状分类：*；PQ；VG。

观测时期：成熟期，颖果坚硬，90% 以上小穗成熟（92）。

观测部位：糙米。

观测方法：取 100 粒左右糙米，目测糙米的种皮颜色。对照标准品种，并按表 2–51 进行分级，确定观测品种对应的表达状态和代码。

表 2-51　糙米：颜色分级标准及参照

表达状态	代码	标准品种	参考图片
白色	1	丽水糯	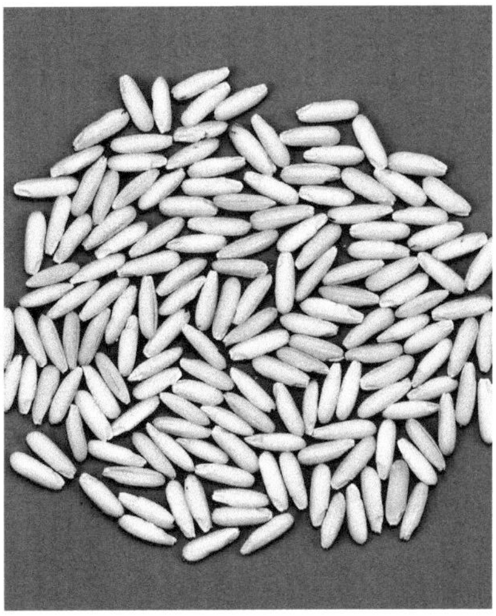
浅棕色	2	合江 18	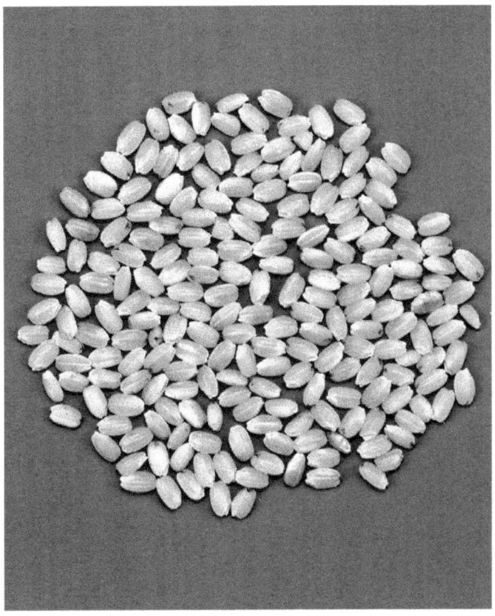
棕色斑驳	3		暂无图片

（续表）

表达状态	代码	标准品种	参考图片
深棕色	4		暂无图片
浅红色	5	三粒寸	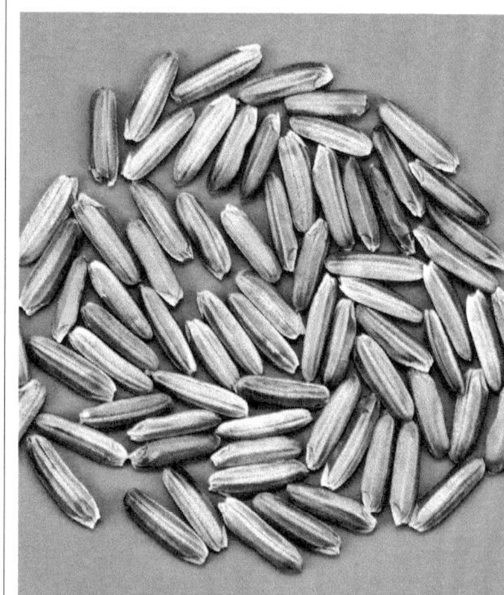
红色	6	Beniroman	
紫色斑驳	7	Heuknambyeo	

（续表）

表达状态	代码	标准品种	参考图片
紫色	8		暂无图片
紫黑色	9	紫香糯	

性状 52　糙米：香味

性状分类：*；QN；VG。

观测时期：成熟期，颖果坚硬，90% 以上小穗成熟（92）。

观测部位：糙米。

观测方法：将 2 g 左右糙米置于 25 mL 试管中，加入 10 mL 1.7% KOH 溶液，盖紧管口，在室温（25℃）下浸泡 10 min 后打开管口，立即鼻嗅。对照标准品种，并按表 2–52 进行分级，确定观测品种对应的表达状态和代码。

表 2-52　糙米：香味分级标准及参照

表达状态	代码	标准品种
无或极弱	1	广陆矮 4 号
弱	2	
强	3	紫香糯

注：由于每个人对气味的敏感度不同，因此该方法并不一定能够准确地对糙米香味进行分级。

第三部分

水稻品种 DUS 测试图像采集规范

为了规范水稻品种 DUS 测试照片拍摄，保证照片质量，有助于品种权申请实质审查和构建品种数据库，根据农业农村部植物新品种测试要求以及《水稻新品种 DUS 测试指南》的规定，特制定本拍摄技术规范。

本规范明确了水稻品种 DUS 测试照片拍摄的总体原则和具体技术要求，在实际拍摄中应结合《水稻 DUS 测试指南》中对性状的具体描述和分级标准使用。

1 基本要求

水稻品种 DUS 测试照片应能客观、准确、清楚地反映待测品种的 DUS 测试性状以及主要植物学特征特性。照片要求拍摄部位明确、构图合理、图像真实清晰、色彩自然、背景适当，照片中的拍摄主体不能使用图像处理软件进行修饰。

为构建水稻已知品种图像数据库，每个待测品种（一致性不合格品种除外）应拍摄 3 ～ 5 张主要植物学特征特性照片，即花序、小区、植株、穗子、籽粒（包括谷粒和糙米）。

若待测品种不具备特异性，则需采集待测品种与近似品种主要形态特征对比照片；若待测品种不具备一致性，需采集典型株与异型株性状差异对比照片和其他能反映品种一致性不合格的照片。

2 拍摄器材

2.1 相机及镜头

数码单反相机、标准变焦镜头、105 mm 微距镜头等。

2.2 配件及辅助工具

存储卡、遮光罩、快门线、测光表、三脚架、拍摄台、翻拍架、外接闪光灯、柔光箱、反光板、测光板、背景支架、背景布、背景纸、刻度尺等。

3 照片格式与质量

3.1 照片构成与拍摄构图

照片内容应包括拍摄主体（水稻性状部位）、品种标签、刻度尺和拍摄背景等几部分，其中拍摄背景应使用专业背景布或背景纸，背景颜色以中灰色为主，必要时可以选择黑色。拍摄构图一般采用横向构图方式，但植株等照片以竖拍为宜。

3.2 照片平面布局

对于性状对比照片，应尽可能将待测品种与近似品种并列拍摄于同一张照片内，一张照片可以同时反映多个测试性状。一般待测品种置于照片左侧、近似品种置于右侧，或待测品种置于照片上部、近似品种置于照片下部，将拍摄主体安排在画面的黄金分割线上，按照植株和器官的自然生长方向布置。

3.3 品种标签

拍摄时采用手写标签，后期进行电脑制作。后期照片中的标签内容为待测品种、近似品种的测试编号。标签一般放置于拍摄主体下部，要求白底黑字，其中中文格式要求宋体加粗，西文格式要求 Times New Roman 加粗，标签字体大小要求与拍摄主体的比例协调。

3.4 照片存储格式

照片尺寸一般为 5 英寸（1 英寸 =2.54 cm，余同），采用 JPG 格式存储。拍摄时照片的文件大小可达 4 ～ 5 Mb 以上，最终录入植物新品种保护自动化办公系统的照片文件大小必须控制在 1 Mb 以内。

3.5 测试照片档案

每个待测品种需建立测试照片电子档案，具体包括以下信息：测试编号、照片名称、品种名称、照片类型、拍摄部位、拍摄地点、拍摄时间等。

4 水稻已种品种主要形态照片的拍摄

4.1 花序照片

（1）拍摄时期。开花期，开花一半。

（2）拍摄地点与时间。田间，上午 9 点至下午 2 点。

（3）材料准备。从田间取 1 个盛花时的主穗，将穗子向上直立，用 105 mm 微距镜头拍摄花序部位。

（4）拍摄背景。田间自然环境，并将背景虚化。

（5）拍摄技术要求。分辨率：1200×1600 以上；光线：晴天到多云天气；拍摄角度：顺光或侧光平摄；拍摄模式：程序自动模式（以下简称 P 模式）；白平衡：自动；物距：60 cm；相机固定方式：手持。

（6）拍摄实例。如图 3–1 所示。

图 3-1　花序照片

4.2　小区照片

（1）拍摄时期。灌浆期，灌浆中期。

（2）拍摄地点与时间。田间，上午 8 点至 11 点、下午 3 点至 5 点。

（3）材料准备。拍摄主体能反映品种的整体长相、长势以及整齐度。小区植株群体在 200 株以上。

（4）拍摄背景。田间自然环境。

（5）拍摄技术要求。分辨率：1600 × 1200 以上；光线：晴天到多云天气；拍摄角度：顺光或侧光，30° ～ 40° 角度俯摄；拍摄模式：P 模式；白平衡：自动；物距：180 cm；相机固定方式：手持。

（6）拍摄实例。如图 3–2 所示。

图 3-2　小区照片

4.3　植株照片

（1）拍摄时期。成熟期（不育系：开花结束时拍摄）。

（2）拍摄地点与时间。摄影室内，上午 8 点至下午 5 点。

（3）材料准备。将整株水稻带土挖起，种植于白色花盆内，摆放于拍摄台上，并放置刻度明显的直尺，附上品种标签。

（4）拍摄背景。中灰色背景纸。

（5）拍摄技术要求。分辨率：1200 × 1600 以上；光线：摄影补光灯；拍摄角度：正面平摄；拍摄模式：P 模式；白平衡：自动；物距：150 cm；相机固定方式：三脚架。

（6）拍摄实例。如图 3-3 所示。

图 3-3　植株照片

4.4　穗子照片

（1）拍摄时期。成熟期，颖果坚硬，90% 以上谷粒成熟（不育系：开花结束时拍摄）。

（2）拍摄地点与时间。摄影室内，上午 8 点至下午 5 点。

（3）材料准备。取 3 个新鲜的主穗，整齐摆放于拍摄台上，穗颈节与直尺一端对齐，附上品种标签。

（4）拍摄背景。中灰色背景纸。

（5）拍摄技术要求。分辨率：1200 × 1600 以上；光线：摄影补光灯；拍摄角度：垂直向下；拍摄模式：P 模式；白平衡：自动；物距：50 cm；相机固定方式：翻拍架。

（6）拍摄实例。如图 3-4 所示。

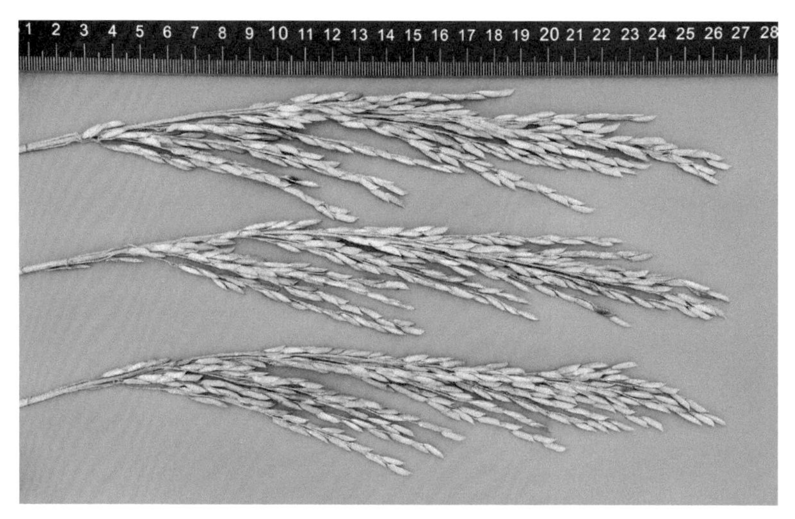

图 3-4　穗子照片

4.5　籽粒照片

（1）拍摄时期。成熟期，颖果坚硬，90% 以上谷粒成熟。

（2）拍摄地点与时间。摄影室内，上午 8 点至下午 5 点。

（3）材料准备。取谷粒和糙米各 9 粒，分 3 列整齐排列于背景纸上，每粒籽粒方向一致，在拍摄主体上方放置刻度明显的直尺，附上品种标签。

（4）拍摄背景。中灰色背景纸。

（5）拍摄技术要求。分辨率：1200 × 1600 以上；光线：摄影补光灯；拍摄角度：垂直向下；拍摄模式：P 模式；白平衡：自动；物距：40 cm 左右；相机固定方式：翻拍架。

（6）拍摄实例。如图 3–5 所示。

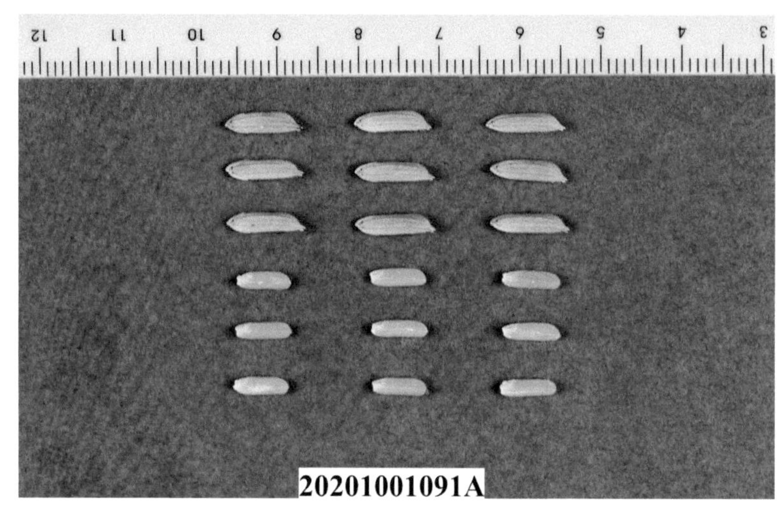

图 3-5　籽粒照片

5　水稻品种不具备特异性的照片拍摄示例

5.1　小区对比照片

（1）拍摄时期。灌浆中期。

（2）拍摄地点与时间。田间，上午 8 点至 11 点。

（3）材料准备。反映待测品种和近似品种的整体长相长势情况。

（4）拍摄背景。田间自然环境。

（5）拍摄技术要求。分辨率：1600 × 1200 以上；光线：晴天到多云天气；拍摄角度：顺光或侧光，30° ～ 40° 角度俯摄；拍摄模式：P 模式；白平衡：自动；物距：180 cm；相机固定方式：手持。

（6）拍摄实例。如图 3–6 所示。

图 3-6　待测品种与近似品种的小区对比照片

5.2　穗子对比照片

（1）拍摄时期。成熟期，颖果坚硬，90% 以上谷粒成熟（不育系：开花结束时拍摄）。

（2）拍摄地点与时间。摄影室内，上午 8 点至下午 5 点。

（3）材料准备。取待测品种及其近似品种（对照品种）各 1 个主穗，整齐摆放于拍摄台上，待测品种摆放于刻度尺上部，近似品种（对照品种）摆放于刻度尺下部，穗颈节与刻度尺一端对齐，附上品种标签。

（4）拍摄背景。中灰色背景纸。

（5）拍摄技术要求。分辨率：1200 × 1600 以上；光线：摄影补光灯；拍摄角度：垂直向下；拍摄模式：P 模式；白平衡：自动；物距：50 cm；相机固定方式：翻拍架。

（6）拍摄实例。如图 3-7 所示。

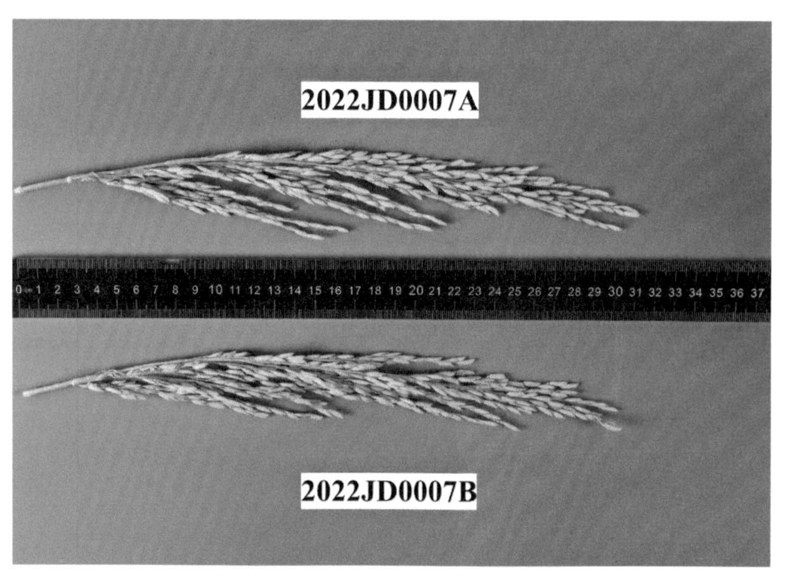

图 3-7　待测品种与近似品种的穗子对比照片

5.3　籽粒对比照片

（1）拍摄时期。成熟期，颖果坚硬，90% 以上谷粒成熟。

（2）拍摄地点与时间。室内，上午 8 点至下午 5 点。

（3）材料准备。取待测品种的谷粒和糙米各 9 粒，分 3 列整齐排列于背景纸左侧，另取近似品种的谷粒和糙米各 9 粒，分 3 列整齐排列于背景纸右侧，每粒籽粒方向一致，在拍摄主体上方放置刻度明显的直尺，附上品种标签。

（4）拍摄背景。中灰色背景纸。

（5）拍摄技术要求。分辨率：1200 × 1600 以上；光线：加柔光箱 150 W 日光型太阳灯；拍摄角度：垂直向下；拍摄模式：P 模式；白平衡：自定义；物距：40 cm；相机固定方式：翻拍架。

（6）拍摄实例。如图 3-8 所示。

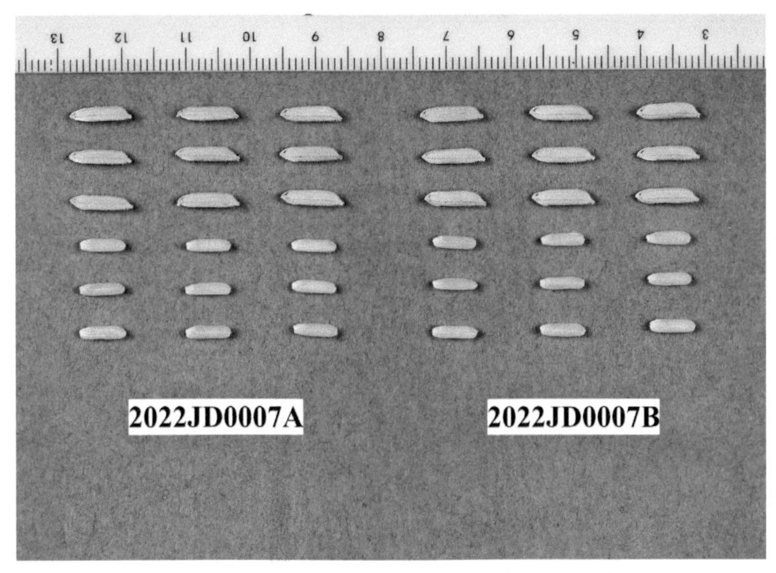

图 3-8　待测品种与近似品种的籽粒对比照片

6　水稻品种不具备一致性的照片拍摄示例

对于一致性不合格照片的拍摄，应尽可能将典型表达状态与非典型表达状态并列拍摄于同一张照片中。

6.1　基部叶：叶鞘颜色对比照片

（1）拍摄时期。分蘖盛期，有 6 个分蘖左右。

（2）拍摄地点与时间。田间，上午 8 点至下午 5 点。

（3）材料准备。选取小区中与典型株基部叶：叶鞘颜色明显不同的植株基部及周边典型株的基部。

（4）拍摄背景。大田自然环境。

（5）拍摄技术要求。分辨率：1600 × 1200 以上；光线：光线充足的自然散射光；拍摄角度：30° ～ 40° 角度俯摄；拍摄模式：P 模式；白平衡：自动；相机固定方式：手持。

（6）拍摄实例。如图 3–9 所示。

图 3-9　异型株基部叶：叶鞘颜色不同

6.2　抽穗期对比照片

（1）拍摄时期。抽穗期前至成熟期。

（2）拍摄地点与时间。田间，上午 8 点至 11 点。

（3）材料准备。小区中抽穗明显较早或较晚的植株及其周边典型植株。

（4）拍摄背景。田间自然环境。

（5）拍摄技术要求。分辨率：1200 × 1600 以上；光线：晴天到多云天气；拍摄角度：顺光或侧光，30° ～ 40° 角度俯摄；拍摄模式：P 模式；白平衡：自动；物距：140 cm；相机固定方式：手持。

（6）拍摄实例。如图 3–10 所示。

图 3-10　异型株抽穗期明显早于典型株

6.3　小穗：外颖颖尖花青甙显色强度（初期）对比照片

（1）拍摄时期。开花期，开花一半。

（2）拍摄地点与时间。田间，上午 8 点至 11 点。

（3）材料准备。小区中小穗：外颖颖尖花青甙显色强度（初期）明显不同于典型植株的植株穗部及其周边典型植株的穗部。

（4）拍摄背景。田间自然环境。

（5）拍摄技术要求。分辨率：1200 × 1600 以上；光线：晴天到多云天气；拍摄角度：顺光或侧光，30° ～ 40° 角度俯摄；拍摄模式：P 模式；白平衡：自动；相机固定方式：手持。

（6）拍摄实例。如图 3–11 所示。

图 3-11　异型株小穗：外颖颖尖花青甙显色强度（初期）明显不同于典型株

附　录

附录 1

水稻生育阶段表

生育阶段代码	描述	生育阶段代码	描述	生育阶段代码	描述
发芽期		**茎生长期**		71	颖果水样成熟
00	干种子	30	假茎直立	73	灌浆早期
01	开始吸水	31	第 1 节出现	75	灌浆中期
03	吸水结束	32	第 2 节出现	77	灌浆晚期
05	胚根从颖果中冒出	33	第 3 节出现	**蜡熟期**	
07	胚芽鞘从颖果中冒出	34	第 4 节出现	80	
09	叶刚从胚芽鞘顶端露出	35	第 5 节出现	83	蜡熟早期
幼苗生长期		36	第 6 节出现	85	软蜡熟
10	第 1 片叶从胚芽鞘长出	37	剑叶刚好可见	87	硬蜡熟
11	第 1 片叶展开	39	剑叶叶舌叶枕刚好可见	**成熟期**	
12	2 片叶展开	**孕穗期**		90	
13	3 片叶展开	40		91	颖果坚硬，末端小穗成熟
14	4 片叶展开	41	剑叶叶鞘明显伸长		
15	5 片叶展开	43	穗苞刚开始膨大	92	颖果坚硬，90% 以上小穗成熟
16	6 片叶展开	45	穗苞膨大		
17	7 片叶展开	47	剑叶叶鞘绽开	93	颖果松动
18	8 片叶展开	49	可见穗顶部第 1 根芒	94	过熟，秸秆枯萎并倒伏
19	9 片或更多叶展开	**抽穗期**		95	种子休眠
分蘖期		50	刚见第 1 小穗	96	有发芽能力的种子 50% 发芽
20	仅主茎	53	1/4 穗抽出		
21	主茎和 1 个分蘖	55	1/2 穗抽出	97	种子休眠结束
22	主茎和 2 个分蘖	57	3/4 穗抽出	98	诱发二次休眠
23	主茎和 3 个分蘖	59	整个穗抽出	99	丧失二次休眠
24	主茎和 4 个分蘖	**开花期**			
25	主茎和 5 个分蘖	60	开花开始		
26	主茎和 6 个分蘖	65	开花一半		
27	主茎和 7 个分蘖	69	开花结束		
28	主茎和 8 个分蘖	**灌浆期**			
29	主茎和 9 个或更多分蘖	70			

附录 2

协议编号（由测试机构填写）______________

特异性（可区别性）、一致性、稳定性委托测试
协议书
（第____周期）

甲方：

乙方：岳阳市农业科学研究院

（农业农村部植物新品种测试岳阳分中心）

甲方委托乙方对甲方提供的（列举一个样品名称）等水稻样品（委托测试样品清单见附件）进行特异性（可区别性）、一致性和稳定性测试（以下简称 DUS 测试）。经协商，双方达成如下委托协议。

1. 甲方委托乙方对甲方提供的样品进行一个生长周期的 DUS 测试，委托第一周期测试的，乙方仅在一致性表现不合格的情况下向甲方反馈一致性测试结果（测试指南仅要求测试一个周期的委托测试除外）；委托第二周期测试的，乙方应在测试结束后 30 日内向甲方提供测试报告一式两份，内容包括 DUS 三性结论、品种描述及图像描述等。

2. 甲方必须按照相应作物 DUS 测试繁殖材料的数量和质量要求，及时向乙方提供符合要求的繁殖材料。测试样品应适宜在测试机构所在生态区域种植，如因光温等因素导致测试样品性状表达不充分导致无法完成正常测试的，乙方不承担责任。

3. 乙方按照相应植物属种的 DUS 测试指南以及甲方提供的测试样品技术问卷等文件，组织开展 DUS 测试。

4. 在 DUS 测试中如遇因特殊情况导致试验中止或无效的，乙方应及时通知甲方。

5. 甲方应于本协议生效并收到乙方开具的等额合规增值税发票后____个工作日内，一次性支付乙方委托测试费用。费用按每个样品______元 / 周期计算，合计费用为______元，大写______________元整。如甲方未按时支付委托费用，乙方有权终止测试。

6. 因不可抗力（如地震、洪水、火灾等）导致 DUS 测试结果异常或报废，甲方要求终止委托的，乙方不退还甲方剩余的 DUS 测试费用；甲方要求继续委托的，甲、乙双方

需重新签订委托测试协议。

7. 因其他原因导致DUS测试结果异常或报废，甲方要求终止委托的，乙方应退还剩余的DUS测试费用。甲方要求继续测试的，乙方应继续开展DUS测试，并不得重新收取DUS测试费用。

8. 甲方对所提供样品的繁殖材料、品种名称及技术问卷中的品种选育过程等内容的真实性负责。乙方发现甲方提供的繁殖材料、样品或相关信息真实性有问题的，有权终止测试并将情况反馈给有关主管部门。

9. 乙方出具的测试报告仅对甲方提供的样品负责，不得作为新品种权复审、行政纠纷调处和司法裁判依据。

10. 乙方对甲方提供的样品和相关资料、数据严格保密，甲方提供的样品不得用于本协议约定范围之外的其他用途；未经甲方书面同意，乙方不得将本协议相关信息（包括但不限于测试过程数据、测试结果等）以及其他甲方尚未对外公开的信息透露给第三方。

11. 本委托书一式4份，甲乙双方各持2份，双方签章并加盖骑缝章后生效。

12. 委托测试费用支付账户。

户　名：岳阳市农业科学研究院

账　号：×××

开户行：×××

行　号：×××

甲　方：　（盖章）	乙　方：　（盖章）
代表人：　（签字）	代表人：　（签字）
地　址：	地　址：岳阳市岳阳县麻塘办事处洞庭村G240公路旁（农业农村部植物新品种测试岳阳分中心）
纳税人识别号：	
邮　编：	邮　编：414000
联系人：	联系人：
手　机：	电　话：
年　月　日	年　月　日

附件

委托测试品种清单

日期：

序号	品种名称	植物种类	繁材类型	是否为转基因品种	选育单位	联系人	联系方式
1							
2							
3							
4							
5							
6							
7							
8							
9							
10							

注：1. 繁材类型：常规种 / 保持系 / 三系不育系 / 光温敏核不育系 / 恢复系 / 杂交种；

2. 播期：早 / 中 / 晚稻；

3. 委托测试样品为转基因品种的需提供该品种的转基因安全证书。

附录 3

水稻品种 DUS 测试试验
田间管理记载表

测试地点：________________________

测试年度：________________________

测试周期：________________________

测试人员：________________________

农业农村部植物新品种测试岳阳分中心制

一、试验田基本情况

1. 土壤质地：____________________

2. 土壤肥力：____________________

3. 前　　作：____________________

二、育秧情况

1. 种子处理：____________________

2. 播种日期：____________________

3. 播 种 量：____________________

4. 育秧方式：____________________

5. 施肥情况（施肥日期及肥料名称、数量）：____________________

____

____

6. 施药情况（除草、防病、治虫等）：____________________

____

7. 秧田分布图：____________________

三、田间设计

1. 小区田间排列方式：____________________

2. 重复次数（次）：____________________

3. 小区面积（平方米）：____________________

4. 小区总长（米）：__________　净长：__________　沟宽：__________

5. 小区总宽（米）：__________　净宽：__________　沟宽：__________

6. 株 行 距（寸）：__________ × __________　每小区栽插株数：__________

7. 保护行设置：____________________

8. 田间小区布局图：____________________

四、大田栽培情况

1. 耕整情况：____________________

2. 移栽日期：____________________

3. 移栽方式：____________________

4. 施肥情况（日期、肥料名称、含量、施用数量）：____________________

5. 施药情况（除草、防病、治虫等）:

6. 灌水情况（时间、灌水方式）:

五、生育期内气候特点及对试验结果的影响

六、特殊情况说明（如气象灾害、鸟禽畜害、人为事故、突发病虫等异常情况及对试验结果的影响）

附录 4

水稻品种 DUS 测试田间观测记录表（一）

指南版本：水稻新品种 DUS 测试指南（2022 版）　　　　测试员：

观测时期 / 方式		26/VG	40/VG	45/VG							55/MG	60/VG			65/VG						55/MG
测试编号	田间号	1 基部叶：叶鞘颜色	2 植株：生长习性	3 倒二叶：叶片绿色程度	4 倒二叶：叶片花青甙显色	5 倒二叶：姿态	6 倒二叶：叶片茸毛密度	7 倒二叶：叶耳花青甙显色	8 倒二叶：叶舌长度	9 倒二叶：叶舌形状	10* 抽穗期（天数）	11* 剑叶：姿态（初）	12 穗：芒	13 穗：芒颜色（初）	14 剑叶：叶片卷曲类型	15 花药：形状	16 花药：颜色	17 花药：不育花粉类型	18* 外颖颖尖花青甙显色强度（初）	19* 小穗：柱头颜色	抽穗日期
代码描述参照		1 绿 2 紫色线条 3 浅紫 4 紫色	1 直 3 半直 5 散开 7 披散 9 匍匐	1 极浅 3 浅 5 中 7 深 9 极深	1 无 9 有	1 直立 3 半直立 5 平展 7 下弯	1 无或极疏 3 疏 5 中 7 密 9 极密	1 无 9 有	1 极短 3 短 5 中 7 长 9 极长	1 平截 2 尖 3 二裂	1 极早 3 早 5 中 7 晚 9 极晚	1 直立 3 半直立 5 平展 7 下弯	1 无 9 有	1 白 2 浅黄 3 中黄 4 棕 5 红棕 6 浅红 7 中红 8 浅紫 9 紫 10 黑	1 不卷或微卷 2 正卷 3 反卷 4 螺旋状	1 细小棒状 2 水渍状 3 饱满状	1 白色或乳白色 2 浅黄 3 中等黄色	1 无花粉型 2 典败 3 圆败 4 染败	1 无或极弱 3 弱 5 中 7 强 9 极强	1 白 2 浅绿 3 黄 4 浅紫 5 中等紫色	

水稻品种 DUS 测试田间观测记录表（二）

指南版本：水稻新品种 DUS 测试指南（2022 版） 测试员：

观测时期 / 方式		70/VG		70–80/VG			77/VG	90/VG					92/VG								
测试编号	田间号	24 茎秆：基部茎节包露	25* 茎秆：节花青甙显色	26* 穗：芒分布	27 穗：最长芒长度	28* 小穗：外颖茸毛密度	31* 剑叶：姿态（后期）	32 穗：芒颜色（后）	33* 穗：姿态	34 穗：二次枝梗类型	35* 穗：分枝姿态	36 穗：抽出度	40 外颖颖尖花青甙显色强度（后）	41 小穗：护颖长度	42 谷粒：外颖颜色	43 谷粒：外颖修饰色	47 谷粒形状	50* 糙米：形状	51* 糙米：颜色	52* 糙米：香味	成熟日期
代码描述参照		1 包 9 露	1 无 9 有	1 顶端 2 上 1/4 3 上 1/2 4 上 3/4 5 整穗	1 极短 3 短 5 中 7 长 9 极长	1 无或极疏 3 疏 5 中 7 密 9 极密	1 直立 3 半直立 5 平展 7 下弯	1 浅黄 2 中黄 3 棕 4 红棕 5 浅红 6 中红 7 浅紫 8 中紫 9 黑	1 直立 2 半直立 3 轻度下弯 4 强烈下弯	1 少 2 中 3 多	1 直立 3 半直立 5 散开	1 严包 2 中包 3 轻包 4 正好 5 较好 6 良好	1 无或极弱 3 弱 5 中 7 强 9 极强	1 极短 3 短 5 中 7 长 9 极长	1 浅黄 2 金黄 3 棕 4 浅紫红 5 紫色 6 黑色	1 无 2 金黄条纹 3 棕条 4 紫斑 5 紫条纹	1 短圆形 2 阔卵形 3 椭圆形 4 细长形	1 近圆形 2 椭圆形 3 半纺锤 4 纺锤 5 锐尖纺锤	1 白 2 浅棕 3 棕斑驳 4 深棕 5 浅红 6 红 7 紫斑驳 8 紫 9 紫黑色	1 无或极弱 2 弱 3 强	

附录 5

水稻品种 DUS 测试测量性状记录表

测试编号：　　　　田间号：　　　　测试员：

性状名称	1	2	3	4	5	6	7	8	9	10	11	12	13	14	15	16	17	18	19	20	备注
20 穗：柱头总外露率																					%
21 植株：单株穗数																					个
22 茎秆：直径																					精确至 0.1 mm
23* 茎秆：长度																					精确至 1 cm
29 剑叶：叶片长度																					精确至 0.1 cm
30 剑叶：叶片宽度																					精确至 0.1 cm
37* 穗：长度																					精确至 0.1 cm
38 穗：每穗粒数																					粒
39 穗：结实率																					%
44 谷粒：千粒重																					精确至 0.01 g
45 谷粒：长度																					精确至 0.1 mm
46 谷粒：宽度																					精确至 0.1 mm
48* 糙米：长度																					精确至 0.1 mm
49 糙米：宽度																					精确至 0.1 mm

附录 6

植物品种特异性（可区别性）、一致性和稳定性测试报告

<table>
<tr><td>测试编号</td><td colspan="2"></td><td colspan="2">属或种</td><td colspan="3">水稻 Oryza sativa L.</td></tr>
<tr><td>品种名称</td><td colspan="2"></td><td colspan="2">品种类型</td><td colspan="3"></td></tr>
<tr><td>委托单位</td><td colspan="7"></td></tr>
<tr><td>测试单位</td><td colspan="2">农业农村部植物新品种测试岳阳分中心</td><td colspan="2">测试地点</td><td colspan="3">岳阳市农业科学研究院麻塘基地</td></tr>
<tr><td>测试指南</td><td colspan="7">《植物新品种特异性、一致性和稳定性测试指南　水稻》（2022 版）</td></tr>
<tr><td rowspan="2">生长周期</td><td colspan="2">第 1 周期</td><td colspan="5"></td></tr>
<tr><td colspan="2">第 2 周期</td><td colspan="5"></td></tr>
<tr><td>材料来源</td><td colspan="7">农业农村部植物新品种测试中心提供</td></tr>
<tr><td rowspan="4">有差异性状</td><td>近似品种名称</td><td>有差异性状</td><td colspan="2">测试品种描述</td><td colspan="2">近似品种描述</td><td>备注</td></tr>
<tr><td></td><td></td><td></td><td></td><td></td><td></td><td></td></tr>
<tr><td></td><td></td><td></td><td></td><td></td><td></td><td></td></tr>
<tr><td></td><td></td><td></td><td></td><td></td><td></td><td></td></tr>
<tr><td>特异性
（可区别性）</td><td colspan="7"></td></tr>
<tr><td>一致性</td><td colspan="7"></td></tr>
<tr><td>稳定性</td><td colspan="7"></td></tr>
<tr><td>结　论</td><td colspan="7">☐ 特异性（可区别性）☐ 一致性 ☐ 稳定性（√表示具备，× 表示不具备，○表示未判定）</td></tr>
<tr><td>其他说明</td><td colspan="7">委托测试仅对来样负责。</td></tr>
<tr><td rowspan="2">测　试
单　位</td><td colspan="4">测试员：　　　　日期：　　年　月　日

测试员建议：</td><td colspan="3" rowspan="2">（盖章）：

年　　月　　日</td></tr>
<tr><td colspan="4">审核人：分中心审核员　　　　日期：　　年　月　日

审核人建议：</td></tr>
</table>

性状描述表

测试编号		测试员	
测试单位	农业农村部植物新品种测试岳阳分中心		
性状	代码及描述		数据
1. 基部叶：叶鞘颜色			
2. 植株：生长习性			
3. 倒二叶：叶片绿色程度			
4. 倒二叶：叶片花青甙显色			
5. 倒二叶：姿态			
6. 倒二叶：叶片茸毛密度			
7. 倒二叶：叶耳花青甙显色			
8. 倒二叶：叶舌长度			
……			
51. 糙米：颜色			
52. 糙米：香味			

图像描述

一般附 4 ～ 5 张性状描述照片
图片描述：

附录 7

一致性测试不合格结果表

<table>
<tr><td>测试编号</td><td colspan="2"></td><td>测试员</td><td colspan="2"></td><td>测试时间</td><td colspan="3"></td></tr>
<tr><td>测试单位</td><td colspan="9">农业农村部植物新品种测试岳阳分中心</td></tr>
<tr><td rowspan="2">性状</td><td colspan="3">典型植株</td><td colspan="3">异型株</td><td>调查植株数量（株）</td><td>异型株数量（株）</td><td>备注</td></tr>
<tr><td colspan="2">代码及描述</td><td>数据</td><td colspan="2">代码及描述</td><td>数据</td><td></td><td></td><td></td></tr>
<tr><td></td><td></td><td></td><td></td><td></td><td></td><td></td><td></td><td></td><td></td></tr>
<tr><td></td><td></td><td></td><td></td><td></td><td></td><td></td><td></td><td></td><td></td></tr>
<tr><td></td><td></td><td></td><td></td><td></td><td></td><td></td><td></td><td></td><td></td></tr>
<tr><td></td><td></td><td></td><td></td><td></td><td></td><td></td><td></td><td></td><td></td></tr>
<tr><td></td><td></td><td></td><td></td><td></td><td></td><td></td><td></td><td></td><td></td></tr>
</table>

附录 8

性状描述对比表

测试编号				测试员			
近似品种编号				近似品种名称			
测试单位	农业农村部植物新品种测试岳阳分中心						
性状							差异
	代码及描述		数据	代码及描述		数据	
1. 基部叶：叶鞘颜色							
2. 植株：生长习性							
3. 倒二叶：叶片绿色程度							
4. 倒二叶：叶片花青甙显色							
5. 倒二叶：姿态							
6. 倒二叶：叶片茸毛密度							
7. 倒二叶：叶耳花青甙显色							
……							
51. 糙米：颜色							
52. 糙米：香味							